HENRY SCHNEIDER

KOMPOMERE

MIT EINER EINFÜHRUNG VON
K.-H. KUNZELMANN

APOLLONIA VERLAG

Die Deutsche Bibliothek – CIP Einheitsaufnahme

Kompomere

Henry Schneider. Mit einem Vorwort von K.–H. Kunzelmann
Linnich: Apollonia Verlag, 1998

ISBN 3 – 928588 – 18 – 4

Nachdruck oder Vervielfältigung (auch auszugsweise)
nur mit Genehmigung des Verlags.

Apollonia Verlag®
Rurstr. 47a
52441 Linnich
Tel.: 02462/6241
Voice–Info und Fax: 02462/905584

e–mail: www@apollonia.de
Internet: www.apollonia.de

1 Einführung

Als das Material Dyract auf den Markt gebracht wurde, konnte man kaum abschätzen, welche Konsequenzen das nach sich ziehen würde. Zunächst wussten nur wenige, was sich hinter dem Material verbarg. Darreichungsform, visueller Eindruck und grundsätzliche Verarbeitung unterschieden es kaum von einem Komposit. Auch der Indikationsbereich, für den das Material zunächst offiziell vom Hersteller freigegeben war, war nicht besonders auffällig.

Neu war allerdings, dass erstmals ein Hersteller den Mut hatte, in seiner Gebrauchsinformation auf die dringende Empfehlung zur Anwendung von Kofferdam bei der Applikation des Materials zu verzichten. Dentsply DeTrey folgte damit der Beobachtung, dass zwar Kofferdam weltweit für hochwertige Adhäsiv-Restaurationen fast dogmatisch als conditio sine qua non gelehrt, aber in der Praxis nur zu einem verschwindend geringem Umfang eingesetzt wurde. Der Anwender brauchte somit endlich kein ganz so schlechtes Gewissen mehr zu haben, wenn er auf die Anwendung von Kofferdam verzichtete.

Neu war zum zweiten, dass man - möglicherweise unter strategischen Gesichtspunkten - die Bezeichnung "Kompomer" (die auf die Züricher Schule zurückgeführt wird) aufgriff, um dem Anwender die Einordnung des Materials in die Fülle vorhandener Werkstoffe zu erleichtern und gleichzeitig das Material von den Komposits abzugrenzen. Das Akronym Kompomer suggerierte, dass die positiven Eigenschaften der Komposits und der Glasionomerzemente zu einer neuen Materialgruppe vereint wurden. Bei den "Hybrid-Glasionomerzementen" war dieser Versuch kurz zuvor weniger erfolgreich gewesen.

Neu war drittens, dass man dem Material mit dem PSA-Primer ein Dentinadhäsiv zur Seite stellte, das im Vergleich zu den damals verfügbaren Systemen einen Fortschritt hinsichtlich der Anwendungssicherheit darstellte, da nur eine Kompo-

Einführung

nente (1 Fläschchen) verarbeitet werden mußte. Zur Zeit der Markteinführung von Dyract bestanden die damals verfügbaren Dentinadhäsive in der Regel aus mehreren Komponenten, wodurch ein latentes Verwechselungsrisiko bestand. Ein Zeitvorteil ergab sich aus dem Ein-Flaschen-System an sich nicht, da PSA-Primer in zwei Schichten aufgetragen und polymerisiert wurde.

Viertens schliesslich lag eine weitere Neuerung im möglichen Verzicht auf eine Phosphorsäure-Ätzung, da der PSA-Primer durch seinen niedrigen pH-Wert vor allem Dentin ausreichend demineralisieren konnte ("selbstkonditionierender Primer").

Der kommerzielle Erfolg von Dyract - zumindest in Europa - zeigt deutlich, dass Dentsply DeTrey mit diesem Produkt offensichtlich den Trend der Zeit perfekt erfasst hatte. Seit diesem Erfolg gilt Dyract als Modell und Zielvorgabe für viele Markteinführungen neuer Produkte. In rascher Folge versuchen die Hersteller von Füllungswerkstoffen seither ihre Produkte von "den" Kompositen durch Begriffe wie "Polyglass", "Ceromer", "Ormocer", "plastische Keramik" oder sogar "smart restorative materials" abzusetzen.

Auch hinsichtlich der Empfehlung zum Gebrauch des Kofferdams hat sich die Einstellung geändert. Kofferdam wurde lange Zeit als erforderlich angesehen, da aufgrund der hydrophoben Eigenschaften der älteren Kompositsysteme bereits die Atemfeuchtigkeit den Verbund zum Zahn negativ beeinflussen konnte. Mit der Entwicklung hydrophilerer Dentinadhäsive und dem "moist -"beziehungsweise "wet bonding" ist die Anwendung von Kofferdam nicht mehr als zwingend anzusehen. Allerdings war die "Atemfeuchtigkeit" nur eines von zahlreichen Argumenten für den Kofferdam; eine perfekte Vorbereitung durch die Zahnarzthelferin integriert die Kofferdamtechnik besser in den Praxisalltag und hilft, seine vielen weiteren, oftmals festgestellten Vorteile noch deutlicher zu Tage treten zu lassen. Heute ist es demnach nicht mehr so sehr das Erfordernis der absoluten Trockenlegung,

Einführung

sondern eher die überzeugende Menge seiner Vorteile, die für Kofferdam sprechen.
Aus dem PSA-Primer wurden - auf der Grundlage der engen chemischen Verwandtschaft von Dyract mit einem Komposit - in logischer Folge die Dentinadhäsive Prime&Bond 1.0, 2.0, 2.1 und NT entwickelt. Auch andere Hersteller entwickelten selbstätzende und Ein-Flaschen-Dentinadhäsive. Obwohl bei korrekter Verarbeitung meist kein Zeitvorteil erzielt wird und im Labor häufig auch geringere Haftwerte als bei "Mehr-Flaschen-Dentinadhäsiven" gemessen werden, fanden die Ein-Flaschen-Dentinadhäsive schnell eine breite Akzeptanz, da die fehlende Verwechslungsgefahr unterschiedlicher Komponenten eine höhere Anwendungssicherheit und weniger Lern- bzw. Schulungsaufwand zur Folge hatte.

Was sind nun aber Kompomere? Sind die Kompomere eine eigene Materialgruppe? Ist die Differenzierung zu den Kompositen gerechtfertigt?
Nach meiner Interpretation handelt es sich trotz all der neuen Namen um keine neue Materialgruppe, sondern um Komposits, also Mehrphasensysteme, die sich aus Matrix und Füllkörpern zusammensetzen (unter diesem Aspekt sind im Übrigen auch unsere Glaskeramiken und Dentalkeramiken Komposits mit einer Glasmatrix und verstärkenden Kristalliten). Die große Gruppe der Komposits läßt sich aufgrund einiger typischer Eigenschaften in verschiedene Untergruppen einteilen. So sind die Kompomere dadurch gekennzeichnet, dass ihre Matrix hydrophiler ist als die Matrix der bis zur Einführung von Dyract marktüblichen Komposits. Darüberhinaus sind die Füllkörper der Kompomere säurelöslicher und geben (in geringerem Umfang als die Glasionomerzemente) Fluoride ab, von denen man sich eine kariesprotektive Wirkung verspricht. Die Reaktion der Karboxylgruppen mit den säurelöslichen Gläsern kann nur unter Anwesenheit von Wasser erfolgen. Kompomere enthalten während der Applikation kein Wasser, so daß der Abbindeprozeß eindeutig von der Photopolymerisation dominiert ist. Während der klini-

Einführung

schen Verweildauer diffundiert Wasser in die Füllung, so daß die chemische Reaktion zwischen den Karboxylgruppen und den säurelöslichen Gläsern stattfinden kann, was eine Fluoridfreisetzungsrate zur Folge hat, die über der der reinen Wasserlöslichkeit der Glasfüllkörper liegt.

Analog könnte man auch spezielle Eigenschaften für die "Polygläser", "Ormocere" und weitere Sondergruppen benennen. Die Abgrenzung zu den traditionellen Komposits ist somit nicht nachhaltig - zumal diese Gruppe nicht statisch ist, sondern die Entwicklung ständig weitergeht. Zudem kann die Abgrenzung ohnehin nur fliessend sein, da auch innerhalb der Kompomere - akzeptieren wir an dieser Stelle diese Bezeichnung, da sich die wissenschaftlich bessere Nomenklatur "(poly)säuremodifizierte Komposits" nicht durchgesetzt hat - eine grosse Bandbreite unterschiedlich hydrophiler Systeme vermarktet wird.

Bisher waren zahlreiche wesentliche Informationen zum Thema der Kompomere auf viele wissenschaftliche Publikationen verteilt. Es ist dem Autor gelungen, die für Kompomere aller Hersteller wichtigen Fakten und Hintergrundinformationen zu sammeln und übersichtlich darzustellen. Dem Zahnarzt in der Praxis wird dadurch der Zugriff auf wichtige Fachinformationen - zum Beispiel im Rahmen der vom Berufsrecht geforderten Fortbildungsverpflichtung - sehr erleichtert.

Ich wünsche dem Autor die ganze Bereitschaft des Lesers, in die zahlreichen werkstoffkundlichen Details einzutauchen, um sich so eine eigene, fachlich fundierte Meinung bilden zu können. Gerade diese detaillierte Fachkenntnis erlaubt es dem Zahnarzt, Marketing-Aussagen kritisch zu hinterfragen.

PD Dr. med. dent. Karl–Heinz Kunzelmann
Oberarzt der Poliklinik für Zahnerhaltung und Parodontologie der
Ludwig–Maximilians–Universität München

2 Vorwort des Autors

Aus dem Jahr 1995 stammt die erste Idee zur Analyse des Stands der Wissenschaft beim Thema Kompomere. Immer wieder habe ich mit der Materie gekämpft, zahlreiche Artikel gesammelt, Informationen gesichtet und verglichen. Dass aus dem grossen Stapel letztlich doch dieses kleine Buch wurde, wissen Sie ja nun.

Es war nicht so ganz einfach, ein komplettes, geschlossenes Bild der Kompomertechnologie zu bekommen. Dies zum einen, da die Werkstoffgruppe der Kompomere kaum genau definiert ist – die Übergänge zu verwandten Materialien sind fliessend. Handelt es sich um einen hydrophoben Glasionomerzement oder ein hydrophilisiertes Komposit, ist es ein polyacrylsäuremodifizierter Werkstoff oder ein blosser Marketing–Gag? Die Diskussionen sind vielfältig.

Jedoch liegen mittlerweile eine ganze Reihe seriöser wissenschaftlicher Daten vor. Ich habe versucht, diese Daten zu sichten und zu analysieren. Naturgemäss ist an dieser Stelle eine Entschuldigung fällig: sicherlich habe ich vieles übersehen. Ein wissenschaftliches Buch ist nie fertig. In diesem Sinne interpretieren Sie diesen Text vielleicht als Anregung, als Startrampe.

Zum anderen habe ich lange mit der (unvermeidbaren) Produktlastigkeit dieses Buches gekämpft. Aber es ist nunmal ein Faktum, dass das Kind „Kompomer" in die DENTSPLY–Familie geboren wurde. Jahrelang war die werkstoffkundliche Bezeichnung synonym mit dem Produktnamen „DYRACT". Es ist insofern erklärlich, wenn mehr als 90% aller greifbaren Kompomerveröffentlichungen mit DYRACT durchgeführt werden. Dies schafft für das DENTSPLY–Material einen enormen Zeit–

Vorwort des Autors

und Wissensvorsprung, der sich naturgemäss auch in diesem Buch manifestiert. Wenn man ein Kompomermaterial mit hervorragender Dokumentation braucht, geht an Dyract kein Weg vorbei. Alle anderen Materialien müssen deswegen nicht schlechter (oder besser) sein – sie sind aber nicht so ausführlich und wissenschaftlich dokumentiert.

Ich hoffe, dass diese Wissenslücke in Zukunft mehr und mehr geschlossen wird. Die technische Entwicklung überholt die wissenschaftliche Dokumentation aber sicherlich ebensoschnell: insofern bleibt trotz des in diesem Buch ausgebreiteten Wissens noch ein gutes Stück Glauben nötig, wenn man „up to date" (= marketingkonform?) bleiben möchte. Auch als Zahnarzt braucht man eine gute „Spürnase" für die richtigen Entwicklungen. Die in diesem Buch dargelegten Grundlagen werden vielleicht dabei helfen.

In diesem Sinne

Ihr Kollege

3 Inhaltsverzeichnis

1. EINFÜHRUNG	5

2. VORWORT DES AUTORS	9

3. INHALTSVERZEICHNIS	11

4. ALLGEMEINES	17

- Einführung 17
- Historische Entwicklung 17
- Weitere Konzepte zur Optimierung 18
- Kunststoff–modifizierte Glasionomere 20
- Kompomere 22

5. ZUSAMMENSETZUNG	27

5.1. Konventionelle – und Hybrid–Glasionomere   27

5.2. Kompomere   28

- Matrixzusammensetzung 28
- Glasfüller 29
- Sonstige Bestandteile 29

5.3. Kompomer–Zemente   30

5.4. Kompomer–Versiegler und Flowables   34

6. ABBINDEREAKTIONEN	35

6.1. Härtung eines (Hybrid–) Glasionomerzements   35

- Ionisation 35
- Komplexbildung 35
- Rolle der Methacrylate 36

6.2. Kompomer–Reaktionen 39
- Primäre Polymerisation 39
- Sekundäre Ionenreaktion 40
- Säure–Basen–Reaktion 42
- Kinetik der freien Radikale 42
- Volumenänderung beim Abbinden 44

7. ADHÄSION 47

7.1. Zusammensetzung des Primer-/Adhäsivsystems 47
- Penta 47
- TGDMA 47
- Aceton 48

7.2. Adhäsive Eigenschaften 49
- Prime&Bond 2.0 49
- Randdichtigkeit 54
- Haftkräfte 55
- Zugfestigkeit 57
- Haftung an Milchzähnen 60
- Haftung an kariösem Dentin 62
- Dentinadhäsion 62
- Total etch/Wet Bonding 65
- Ätzung 70
- Laservorbehandlung 74
- Künstlicher Randspalt 75
- In–vivo–Randspalt 75

8. FLUORID–VERHALTEN 77

- Fluoridhaltiges Füllstoffsystem 77
- Experimentelles Design 78
- Fluoridaufnahme 82
- Einfluss auf Demineralisationen 85
- Einfluss auf Bakterienwachstum 86

9. VERSCHLEISS UND ERMÜDUNG 87

9.1. Grundsätzliche Betrachtungen 87
- Verschleiss: Definition 87
- Interaktion Material/Verschleiss 88
- Klinische Erfahrungen 89

9.2. Maschinelle Untersuchungen 90
- 3–Körper–Abrasionstest 93
- Ermüdungsverhalten 95
- ACTA–Prüfung 98
- Kausimulator 100
- Einfluss der Wasseraufnahme 101
- 3–Punkt–Biegebelastung 101

9.3. Druck– und Zugfestigkeitsergebnisse 105
- Druckfestigkeit 105
- Diametrale Zugfestigkeit 106
- Weitere Werkstoffparameter 107

10. SONSTIGE EIGENSCHAFTEN 109

10.1. Optische Eigenschaften 109
- Farbtreue 109
- Farbbeständigkeit 110
- Transluzenz 110
- Röntgenopazität 111

10.2. Zytotoxizität 111

10.3. Klinische Werkstoffkunde 113
- Klinische Aspekte 113
- Randschluss 113
- Belastungstoleranz 115
- Thermische Belastungen 115
- Mechanische Belastungen 116
- REM versus Farbpenetration 117
- Randverhalten in vitro 118
- Bruchfestigkeit und Rückstellvermögen 122
- Einfluss von wässrigem Milieus 122
- Oberflächenveredelung 124

11. KLINISCHE ANWENDUNG 129

11.1. Klinischer Ablauf 129
- Präparation 129
- Kautelen 135
- Ätzung 137
- Schichtstärke und Lichthärtung 139
- Ausarbeitung und Politur 139

11.2. Indikationen 142

- Übersicht 142
- Milchzahndentition 144
- Klasse I und II 147
- Klasse V 147
- Klasse III 150
- Andere Klassen 150
- Unterfüllung 152
- Fissurenversiegelung 153
- Befestigung 155
- Kieferorthopädie 156

11.3. Kontraindikationen 157

- Überkappungen 157
- Expansion 157

12. KLINISCHE BEWERTUNGEN 159

12.1. Allgemeine klinische Bewertungen 159

- Anwenderberichte 159
- Einfache Verarbeitung 159
- Neues Verständnis für Bond–Verfahren 160

12.2. Klinische Studien 161

- Umeå/Schweden 161
- München/Deutschland 162
- Berlin/Deutschland 163
- Athen/Griechenland 164
- Bristol/Grossbritanien 164
- Liverpool/Grossbritanien 164
- Padua/Italien 165
- Umeå/Schweden 165
- Nijmegen/Niederlande 166

13. NEUE ENTWICKLUNGEN 171

13.1. Dyract AP 171

- AP–Komposition 171
- Physikalische Eigenschaften 172
- Druck– und Biegefestigkeit 172
- Härte 172
- Abrasion 174
- Fluorid–Freisetzung 176

- Frakturanfälligkeit 177
- Ästhetik 177
- Klinische Ergebnisse 178

13.2. Gefüllte Dentinadhäsive 179

- Nanotechnologie 179
- Adhäsionswerte 180
- Werkstoffliche Parameter 181
- Ultrastruktur 183
- Klinik 183

13.3. Non–Rinse–Conditioner (NRC) 184

- Pretreatment 184
- NRC–Zusammensetzung 185
- Haftwerte 185
- Ultrastrukturelle Ergebnisse 185
- Klinische Überlegungen 187

14. LITERATURVERZEICHNIS 189

15. STICHWORTVERZEICHNIS 201

Inhaltsverzeichnis -

4 Allgemeines

Einführung

Die moderne restaurative Zahnheilkunde beruht auf der Verwendung hochentwickelter Werkstoffe und Technologien. Die Ansprüche der Zahnerhaltungskunde hinsichtlich der optimalen Kavitätenversorgung, ausgezeichneten (langfristigen) Ästhetik, guten Biokompatibilität, Prävention und Dauerhaftigkeit werden ergänzt durch den Wunsch des zahnärztlichen Praktikers nach möglichst einfacher Verarbeitung und effizientem Handling.

Historische Entwicklung

Nach der Synthese von Methacrylsäure (MAA) und des Methacrylsäure–Methylesters (MMA) durch BAUER und RÖHM 1931 führte die Beschreibung der Druck– und Hitzepolymerisation von MMA zu Polymethylmethacrylat (PMMA) durch ROTH 1935 in Folge zur Entwicklung eines ersten Kunststoff–Einlagesystems für die Zahnheilkunde. Die Aushärtung des 1947 von der Firma KULZER auf den Markt gebrachten Kunststoffes ging mit einer linearen Polymerisationsschrumpfung von mehr als zehn Prozent einher. Inkrementtechnik (BAILEY, 1951), Bindungsversuche von Zahnhartsubstanz und Kunststoff (HAGGAR, 1951) und mikromechanische Retention (BUONOCORE, 1955) waren die ersten Schritte auf dem Weg zur Verbesserung der Kunststoff–Füllungssysteme. Mit der Entwicklung einer Verbundphase zwischen Matrix und anorganischen Füllkörpern legte BOWEN 1962 den Grundstein für die heutigen Materialien, wobei als Matrix statt MMA Bisphenol–A–Glycidyldimethacrylat (Bis–GMA) zur Anwendung kam. BUONOCORE beschrieb 1970 die Photopolymerisation mit UV–Licht, wobei CAULK noch im gleichen Jahr mit Prisma Fil ein entsprechendes Füllmaterial präsentierte. 1977 ersetzte man – inzwi-

Allgemeines - Weitere Konzepte zur Optimierung

schen waren die meisten Materialien weisslichthartend – erstmals das Bis-GMA durch Polyurethan (DART). Die in den Füllungskunststoffen verwendeten Füllkörper waren in den 70er Jahren noch Makrofüller mit einem Durchmesser bis zu 100 µm; erst 1978 verwendete Dreyer–Jörgensen Siliziumdioxid mit einer mittleren Korngrösse unter 0,04 µm (Mikrofüller). Ab 1979 entstanden mit dem Wunsch nach Kombination der positiven Eigenschaften beider Familien die sogenannten Hybridkomposite, wobei die sogenannten modifizierten Feinpartikelhybride zur Zeit als „state of the art" gelten können (KAMANN, 1998).

Glasionomerzement		Komposit	
Vorteile	**Nachteile**	**Vorteile**	**Nachteile**
Selbstadhäsiv	Feuchtigkeits–empfindlichkeit	Hohe Abrasions–beständigkeit	Keine Selbstadhäsiong, Adhäsiv nötig
Fluoridfreistellung	Austrocknungs–empfindlichkeit	Gute Ästhetik	i.d.R. keine Fluoridfreisetzung
	Abrasions–beständigkeit niedrig		
Keine exotherme Härtungsreaktion	Unkontrollierbare Härtungsreaktion	Kontrollierbare Härtungsreaktion	aufwendige Anwendungstechnik (Isolation)
	Langsame Härtung	Schnelle Härtung	
Biokompatibilität gut	Bruchfestigkeit niedrig	Bruchfestigkeit hoch	
Einfache Anwendungstechnik	Wasserlöslichkeit hoch	Wasserlöslichkeit niedrig	Polymerisations–schrumpfung
Thermische Ausdehnung dentin–ähnlich	Anmischaufwand	Gute Polierbarkeit	
	Begrenzte klinische Indikation		

Vor– und Nachteile von Glasionomerzementen und Kompositen (N. GRÜTZNER, 1998) 1

Weitere Konzepte zur Optimierung

Bei den Werkstoffen sind in den letzten Jahrzehnten – basierend auf den beschriebenen Zielvorstellungen – zwei Konzepte entwickelt worden zur Perfektionierung der direkten Füllungstechnik. Das erste basiert auf der Verwendung funktioneller Monomere und Präpolymerisate in Verbindung mit inerten organischen und/oder anorganischen Füllkörpern zu Verstärkungszwecken. Solche Komposit–Materialien werden wegen ihrer Ästhetik hochgeschätzt, sind weitestgehend widerstandsfähig und – zumindestens was die lichthärtenden Komposits angeht – äusserst verarbeitungsfreundlich. Jedoch gibt es immer noch ungelöste Probleme, zum Beispiel hinsichtlich mancher notwendigen Arbeitsschritte oder hinsichtlich fehlender Eigenschaften (kariespräventive Fluoridfreisetzung).

Die zweite der erwähnten Konzeptionen begann 1963 mit der theoretischen Formulierung des Konzepts der Polyelektrolyte. 1964 erkannte Smith das Potential der Eigenhaftung der Kombination Zinkoxid/Polyacrylsäure. Die Entwicklung führte 1969 schließlich zur Vorstellung der Glasionomerzemente durch Wilson und Kent. Im Falle der Glasionomerzemente, korrekt als Glaspolyalkenoate bezeichnet, wurden ionische Polymere kombiniert mit fluoridhaltigen reaktiven Glaskomponenten, die zu Materialien mit inhärenter Adhäsion zu Zahnhartsubstanzen und protektiver Fluoridfreisetzung führten. Die zugrundeliegende Abbindereaktion ist bei den Glasionomerzementen dreistufig: im ersten Schritt werden Glaspartikel herausgelöst unter dem Einfluss der wässrigen Polyacrylsäure (Freisetzung von Kalzium– und Aluminiumionen). Die Aluminiumionen liegen dabei in der Regel als komplexe Polyanionen vor. Im zweiten Schritt reagieren die Kalziumionen schnell mit den Polyacrylsäureketten, wobei Wasser aus den hydrierten Bereichen freigesetzt wird. Dies führt zu Ionenbrücken zwischen den Polysäuren, wobei beide Effekte das Polymer unlöslich machen und das Material erhärten lassen. Im dritten Schritt schliesslich werden die in Schritt 1 freigesetzen anorganischen Fragmente hydriert, woraus eine Verbesserung der Werkstoffeigenschaften resultiert (Nicholson, Croll 1997).

Kunststoff-modifizierte Glasionomere

Die physikalischen Eigenschaften der konventionellen Glasionomerzemente werden bei Feuchtigkeitszutritt oder Dehydratation während der Abbindephase sehr nachteilig beeinflusst (Abb. 2, S. 21).

1985 patentierte ENGELBRECHT die Konzeption der „polymerisierbaren Zementmischungen". Mit der Einführung von Expaliner (PIERRE ROLLAND) und des lichthärtenden Liners Ionosit Baseliner (DMG) stand seit 1987 ein erstes Produkt aus diesem Bereich zur Verfügung. In ähnlicher Weise stellten MATHIS und FERRACANE (1989) eine neue Gruppe als kunststoffmodifizierte Glasionomerzemente („resin–reinforced", „resin–modified") vor. Diese neuen Zemente bestanden aus konventionellen Kunststoff– oder modifizierten Glasionomer–Komponenten und einem lichthärtenden Kunststoff (MITRA, 1999; ANTONUCCI, MCKINNEY, STANSBURY, 1988). Dabei fungierte HEMA (Hydroxylethylmethacrylat) als prinzipielles Bindeglied zur Polymerisation und Kopolymerisation mit der modifizierten Polyacrylsäure (MCLEAN, 1992; MOUNT, 1994). Das 1989 eingeführte erste Produkt mit Namen „Vitrebond" (Vitrabond) zeigte jedoch wie Ionosit Baseliner keine besonders guten restaurativen Eigenschaften (u.a. geringe Durchhärtungstiefe wegen hoher Opazität, umständlicher Anmischvorgang, ungünstige Konsistenz, mangelnde Verschleissfestigkeit der Haftung), so dass seine Indikation auf die Unterfüllungstechnik („Typ I") beschränkt blieb (KREJCI 1995). Materialien dieser Kategorie sollen in dieser Übersicht als „Hybrid–Glasionomer–Zemente" bezeichnet werden. Teilweise wurde auch die Bezeichnung „Lichthärtende Glasionomerzemente" eingeführt, die aber nicht schlüssig ist, da die Glasionomerkomponente der Materialien aufgrund einer Säure–Basen–Reaktion und nicht aufgrund einer lichtinduzierten Polymerisation aushärtet (MCLEAN, NICHOLSON, WILSON, 1994; HICKEL, 1994).

Allgemeines - Kunststoff–modifizierte Glasionomere

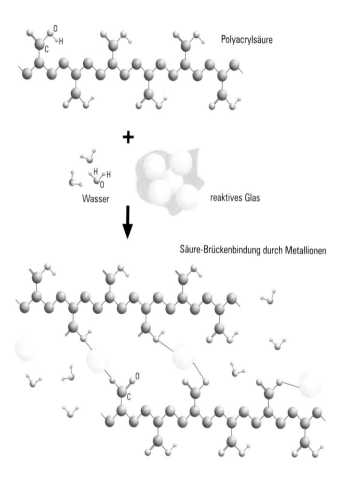

Abbindemechanismen beim konventionellen Glasionomer: unter Anwesenheit von Wasser und reaktivem Glas bilden sich nach Dissoziation durch Metallionen Säurebrückenbindungen zum Glasfüllkörper aus.

2

Allgemeines - Kompomere

Nomenklatur der Kompomere (Übersicht)
Kompomere
Polyacrylsäure–modifizierter Kunststoff
Hybrid–Glasionomerzement
kunststoffmodifizierter Glasionomerzement, Typ II
Lichthärtender Glasionomerzement
Glasiosit
Kompionomere
hydrophilisiertes Composite

Nomenklatur der Kompomere 3

Kompomere

Es war klar, dass die Versuche zur Vereinigung der beiden Konzeptionen weitergingen. 1993 wurde schliesslich von der europäischen Forschungs– und Entwicklungsabteilung der Firma DeTrey Dentsply das erste weiterentwickelte Material (K71, im folgenden: DYRACT) präsentiert. Damit stellte Dentsply das erste klinisch akzeptable Material (Realisierung durch BLACKWELL) der neuen Stoffklasse der sogenannten Kompomere.

Bei Dyract handelt es sich um ein Hybridmaterial zwischen den traditionellen Komposit–Materialien und den Glasionomerzementen; im Unterschied zu den lichthärtenden Glasionomerzementen (Hybridglasionomer–Zementen) ist das System primär wasserfrei. Im Fall der Kompomere wurden bifunktionelle Monomere mit reaktiven Gläsern, welche Fluoridionen enthalten, kombiniert. MCLEAN et al. (1994) schlug vor, die neuen Materialien als polyacrylsäure–modifizierte Kunststoffe zu bezeichnen. Auch wurde die Bezeichnung „kunststoffmodifizierte Glasionomerzemente, Typ–II" („resin–modified glass–ionomer materials", NICHOLSON 1997) oder „Kompoionomere" genannt. Mancher Autor beschränkt die Bezeichnung auf „hydrophilisiertes Composite" (REINHARDT, 1995). Bisher hat sich jedoch in sehr viel höherem Masse die auch hier verwendete Bezeichnung „Kompomere" durchgesetzt (Abb. 3, S. 22).

Ein Kompomer ist nach einem Definitionsvorschlag von HÖHNK (1998) ein Material, das neben einem reaktiven Glas eine radikalisch härtende Kunststoff–Matrix mit sauren funktionellen Gruppen enthält, die nach Wasseraufnahme mit dem reakiven Glas in einer Säure–Basen–Reaktion reagieren können.

Komposit–Eigenschaften	Glasionomereigenschaften
Niedrige Wasserlöslichkeit	Fluoridfreisetzung
Gute Ästhetik	
Schnelle, kontrollierbare Härtung	Applikation ohne Ätzung möglich
Adhäsivverwendung obsolet	
Praxisnahe Applikationstechnik	
Gute Abrasivität	Einfache Anwendungstechnik
Gute Polierbarkeit	
Breite klinische Indikation	

Eigenschaften der Kompomere – die wünschenswerte Synthese zwischen Glasionomerzementen und Kompositen   4

Diese Definition ist in Bezug auf neuere Kompomermaterialien nicht schlüssig, da die Säure–Basen–Reaktion zumindestens hinsichtlich der Abbindereaktion eine zu vernachlässigende Rolle spielt. Allenfalls spielt die Säureinteraktion bei der Fluoridfreisetzung eine Rolle; hier mag es auch zu einer Reaktion mit Säuren aus bakterieller Genese kommen. Insofern sollen an dieser Stelle Kompomere definiert werden als Kompositionsmaterialien auf der Basis von bifunktionellen Kunststoffen, die durch Polymerisation aushärten und deren Säuregruppen mit reaktiven (basischen) Gläsern interagieren können.

Allgemeines - Kompomere

Durch die Kompomere sollen und können voraussichtlich die positiven Eigenschaften der Komposits (Verschleissfestigkeit, Haltbarkeit) und der Glasionomerzemente (leichte Applikation, Prävention) zusammen mit einer sehr guten Ästhetik verwirklicht werden. Das erste Kompomer-Füllungsmaterial auf dem deutschen Dentalmarkt wird vertrieben unter dem Handelsnamen „Dyract™" (DeTrey Dentsply). Einige Nachahmer-Produkte folgten, fanden aber bisher in der wissenschaftlichen Literatur keinen vergleichbaren Niederschlag.

Hersteller	Produkt
Dentsply DeTrey	Dyract Dyract AP Dyract Seal Dyract Flow
DMG	Luxat Prima Flow, PermaCem Ionosit MicroSpand, Ecuseal
Kent Dental	Kentocomp
Espe	Hytac
Kerr	Elan
Merz	Io Merz light
Nordiska	AnaNorm Compomer
Degussa	Xeno
Vivadent	Compoglass Compoglass F Compflow
3M	F2000 rasant

Kompomermaterialien in Deutschland   5

Fester Bestandteil der von den meisten Herstellern angebotenen Restaurationssysteme ist neben einem Kompomer ein im Design abgestimmtes Adhäsivsystem. Die Adhäsive waren zu Beginn der Kompomer–Ära gruppenspezifische Materialien. Mittlerweile scheinen sich jedoch Adhäsive durchzusetzen, die als Universalmaterialien für den Einsatz mit Kompomer wie auch Komposit entwickelt wurden. In der klinischen und in–vitro–Prüfung werden folgerichtig zunehmend solche Produktketten berücksichtigt.

Kompomere sind Kompositionsmaterialien auf der Basis von bifunktionellen Kunststoffen, die durch Polymerisation aushärten und deren Säuregruppen mit reaktiven (basischen) Gläsern interagieren können.

Definition der Kompomere 6

Allgemeines - Kompomere

5 Zusammensetzung

5.1. Konventionelle – und Hybrid–Glasionomere

Konventionelle Glasionomerzemente kombinieren die Technologie der Silikate und Zinkpolyacrylate mit dem Ziel der Vereinigung der positiven Eigenschaften beider Materialgruppen. Essentielle Komponenten sind das anorganische Glas und ein ionisches Polymer in einem brauchbaren wässrigen Medium. Das Glas (Fluoraluminiumsilikat) reagiert mit der polymeren ungesättigten Karboxylsäure (Funktionsgruppe –COOH) in einer Säure–Basen–Reaktion. Bei Anwesenheit von Wasser findet eine partielle Ionisation statt und schafft funktionelle Gruppen (COO⁻ und H⁺). Eine Reihe verschiedener ungesättigter Karboxylsäure können theoretisch verwendet werden; sie bestehen aus Homo– oder Kopolymeren von Acryl–, Itacon– oder Maleinsäure. Es sind auch Glasionomerzemente bekannt, die Polyphosphonate anstelle der Polykarboxylate verwenden. Die Hybrid–Glasionomerzemente beinhalten entweder eine Mischung von Polykarboxylsäure und Methacrylat–Monomeren oder ein System, in dem die Polykarboxyl–Kette reaktive Methyrylat–Gruppen anstelle reaktionsfähiger Karboxylatgruppen trägt. Wasserlösliche Monomere (zum Beispiel 2–Hydroxyethylmethacrylat) fungieren als Lösungsvermittler.

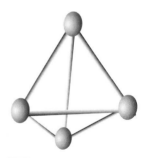

Der Silizium– bzw. Aluminiumoxid–Tetraeder: die Grundlage der konventionellen Silikatgläser 7

Konventionelle Silikatgläser bestehen aus einem Netzwerk von Siliziumoxid–Tetraedern (SiO_4) und sind gegenüber Säureangriffen sehr resistent (Abb. 7, S. 27). Ionisierbare Gläser integrieren weitere Komponenten wie Silikat, Aluminat, Kryolith, Aluminiumtrifluorid und Aluminiumphosphat. Das trivalente Aluminiumion kann tetravalente Siliziumionen im Netzwerk aufgrund ähnlicher Ionenradii ersetzen. Dadurch entsteht ein Aluminiumsilikat–Netzwerk, bestehend aus Siliziumoxid– und Aluminiumoxid–Tetraedern, das eine negative Ladung trägt und basischen Charakter hat. Je nach Anzahl „störender" Ionen wird das Silikat anfällig für einen Säureangriff. Bei einem Verhältnis von Siliziumoxid zu Aluminiumoxid von unter 2.0 ist die Reaktionsfähigkeit sehr hoch. Zwischen 2,0 und 3,0 ist das Glas nicht länger zur Zementbildung fähig (MITRA, 1994).

5.2. Kompomere

Ein Kompomer (die folgenden Darstellungen beziehen sich primär auf das gut dokumentierte Dyract) besteht in Analogie zu konventionellen Glasionomerzementen ebenfalls aus einem anorganischen Teil (ätzbarer, röntgenopaker, fluoridhaltiger Glasfüller) und einer organischen Matrix.

Matrixzusammensetzung Die Matrix der formulierten Paste enthält unter anderem zwei Kunststoffe. Dabei ist das Urethandimethacrylat (UDMA) aus dem Bereich der Komposits bekannt, das TCB–Harz ist eine innovative Neuentwicklung. Es wird gebildet durch die Reaktion von Butan–Tetracarbonsäure und Hydroxyethylmethacrylat (HEMA), wobei das entstehende Molekül sowohl zwei Methacrylat- wie auch zwei Karboxylgruppen trägt. Hierdurch kann das Monomer über die polymerisationsfähigen Doppelbindungen auf der einen Seite Vernetzungen eingehen, wenn es durch radikalische Polymerisation initiiert wird, zum anderen kann es in Anwesenheit von Wasser und Metall–Kationen eine Säure–Base–Reaktion durchlaufen, um ein Salz zu bilden (Abb. 8, S. 29). Diese Technik zur Kombination von verschiedenen funktionellen Gruppen im selben Molekül ist auch von Adhäsiven bekannt.

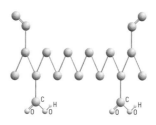

Das funktionelle Rückgrat des Kompomers: TCB –Monomer des Dyract– Systems (DENTSPLY)   8

Glasfüller

Der Glasfüller des Dyract–Kompomers ist ein Silikatglas (durchschnittliche Partikelgrösse 2,5 Mikrometer), das etwa 13 Gew.% Fluoride enthält und etwa 72 Gew.% ausmacht. Der Glasfüllstoff ist silanisiert. Dem Material werden ausserdem Initiatoren und Stabilisatoren hinzugefügt, um die Lichtpolymerisation zum gewünschten Zeitpunkt in ausreichenden Maße zu ermöglichen.

Sonstige Bestandteile

Die sonstigen Bestandteile eines Kompomer–Systems dienen dazu, klinisch erwünschte Effekte zu erreichen. So garantiert zum Beispiel das seit Mitte 1995 (nach einigen Untersuchungen, die die Fluoridfreisetzung für geringer einschätzten als bei Compoglass) Dyract beigefügte Cetylaminhydrofluorid eine verbesserte initiale Fluoridfreisetzung. Azeton ist bei Anwendung auf feuchtem Dentin das derzeit wirksamste Lösungsmittel, benetzt den Schmelz und penetriert die Dentinoberfläche, wobei es als Trägersubstanz für den Harzanteil fungiert (GRÜTZNER, 1996).

Zusammensetzung - Sonstige Bestandteile

Füllungsmaterial	Primer/Adhäsiv
UDMA–Harz (2, 7, 7, 9, 15 Pentamethyl–4, 13–Dioxo–3,14–Dioxa–5, 12–Diaza–Hexadecan–1, 16–Dialdimethacrylat)	TGDMA (Elastisches Herz) (7, 7 , 9, 63, 65–Hexamethyl–4, 13,60,69–Tetraoxo–3, 14, 19, 24, 29, 34, 44, 49, 54, 70–Dodecanaoxa–5, 12, 61–68–Tetraazadoheptacontan–1, 72–Diyldimethacrylat)
TCB–Harz (Diester des 2–Hydroxyethylmethacrylats und der Butan–1,2,3,4–Tetracarbonsäre)	Penta (Dipentaerythriol–Pentaacrylat–Phosphorsäureester)
Strontium–Fluorosilikatglas (Strontium–Aluminium–Natrium–Fluoro–Phosphorosilikat) Strontiumfluorid	Elastisches Harz (Triethylen–Glycol–Diemethacrylat) Azeton Cetylaminhydrofluorid
Kampferchinon	Kampferchinon
4–Ethyl–Dimethyl–Aminobenzoat, Butyliertes Hydroxytoluen, 2–Hydroxy–4–Methoxy–Benzophenon	4–Ethyl–Dimethyl–Aminobenzoat, Butyliertes Hydroxytoluen

Zusammensetzung eines Kompomer–Systems (Dyract) 9

5.3. Kompomer–Zemente

Mit Dyract–Cem stellte Dentsply ein erstes Zweikomponenten–Kompomer vor, dass ein Redox–Initiator–System für die Polymerisation der drei Monomere Aminopenta, Macromonomer M–1A–BSA und TEGDMA besitzt, die unter lichtundurchlässigen Objekten selbsthärtend abläuft. M–1A–BSA wie auch Aminopenta enthalten vier Karboxylgruppen und zwei Methacrylatendgruppen pro Molekül. Die mögliche Säure–Basen–Reaktion steht aber quantitativ im Hintergrund. Neben Strontium–Fluorosilikatglas (durchschnittliche Partikelgrösse 5,5 µm, Fluoridgehalt 13,3 Gew–%) ist Aerosil (silanisierter Komposit–Mikrofüllstoff) enthalten.

Anmischflüssigkeit	Pulver
Aminopenta	Strontium–Aluminium–Fluoro–Silikat–Glas
Macromonomer M–1A–BSA	Aerosil
TGDMA	Initiatorbestandteile
Inhibitor	
Initiatorbestandteile	

Zusammensetzung des Dyract–Cem–Systems 10

Dyract–Cem entspricht vorrangig einem Befestigungskomposit, wobei die typische Adhäsivtechnik von Dentsply empfohlen wird (WELKER, 1997). Der Polymerisationsverlauf von Dyract Cem ist sehr stark temperaturabhängig und wird als „snap–Set" bezeichnet. Erst nach einer Induktionsperiode von 2–3 Minuten beginnt spontan die Polymerisation, kommt aber nach weiteren 1–2 Minuten schon zum Erliegen. Das Polymernetzwerk ist zu diesem Zeitpunkt schon im wesentlichen ausgebildet. Die Karboxylgruppen von Dyract Cem treten erst nach erfolgter Wasseraufnahme mit einigen Wochen Verzögerung in Aktion.

Enstehende Salzverbindungen durchziehen dann das Polymernetzwerk mit einer verstärkenden Substruktur.

Dyract–Cem weist ein Pulver–Flüssigkeitsverhältnis von 1,6:1 auf. Die Adhäsion am Dentin beträgt etwa 5,8 +/- 2,6 MPa, am Schmelz 13,3 +/- 2,2 MPa ohne Verwendung eines Primers, an Dentin mit Verwendung von Prime&Bond 2.0 10,9 +/- 1,2 MPa. An Goldlegierungen ist die Adhäsion mit 4,0 +/- 0,5 MPa, an Keramik mit 20,4 +/- 4,5 MPa angegeben (nach Silanisierung).

Dyract–Cem weist eine Druckfestigkeit (24 h Wasserlagerung, 37 °C) von 220 MPa und eine Biegefestigkeit von 72,4 MPa auf. Die diame-

Zusammensetzung - Sonstige Bestandteile

trale Zugfestigkeit wurde mit 35,7 MPa bestimmt. Dyract–Cem erreicht eine Filmdicke von 13 µm (ISO–Forderung 25 µm). Die lineare Wasseraufnahme und Dimensionsänderung betrug nach 5 Wochen Wasserlagerung 1,5%, wobei dieser Messwert bis zu 12 Monate konstant blieb. Druck– und Biegefestigkeit erreichen nach zwei Monaten eine Langzeitstabilität. Im Säureerosionstest

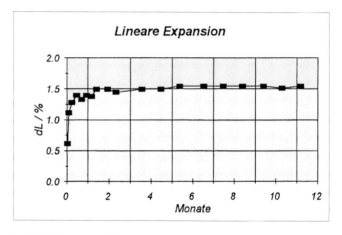

Lineare Expansion von Dyract–Cem über 12 Monate   11

konnte für Dyract–Cem kein Substanzverlust ermittelt werden. Die Verschleissfestigkeit des Materials ist deutlich höher als die konventioneller Befestigungs–Glasionomerzemente (Aquacem) und liegt mit herkömmlichen Komposit–Zementen auf gleicher Höhe.

Die Transluzenz von Dyract–Cem ist besonders initial sehr hoch, so dass sich das Material optisch seiner Umgebung anpasst. Zum Abdecken metallischer Befestigungen ist von Dentsply ein Material mit Zusatz von Titandioxid und Eisenoxidpigmenten eingeführt worden (Dyract–Cem Opa-

Zusammensetzung - Sonstige Bestandteile

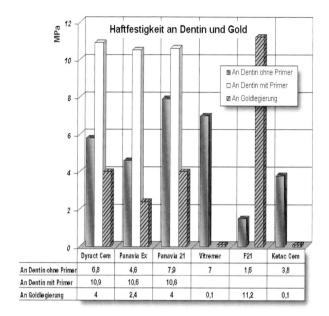

Haftfestigkeit diverser Zementierungssysteme an Dentin und Gold im Vergleich   12

que). Die Transluzenz von Dyract Cem Opaque liegt bei 98,5% ($C_{0,7}$) gegenüber 22,3% bei der normalen Variante. Transluzenz und Farbstabilität bleiben langfristig erhalten.

Die initiale Fluoridfreisetzung von Dyract–Cem beträgt etwa 4–6 µg/cm^2, um auf einen konstanten Wert von 2 µg/cm^2 abzufallen.

5.4. Kompomer–Versiegler und Flowables

Im Zeitraum 1997/1998 stellten einige Fimen erste Kompomermaterialien mit niedriger und niedrigster Viskosität vor. Die Füllkörpergrößen liegen dabei zum Beispiel für Dyract flow bei 1,6 µm, für Dyract seal bei 0,8 µm. Beide Materialien weisen saure Polymere mit entsprechender Bifunktionalität auf. Ein analoges Material liegt mit Compoglass flow schon einige Zeit vor. Von entscheidender Bedeutung für die Verwendung der Flowables scheint die praxisnahe Einstellung der Konsistenz zu sein. Die Benetzungseigenschaften stehen dabei im Zusammenhang mit rheologischen Kriterien, wobei sich Kompomermaterialien in dieser Hinsicht kaum von den bekannten Flowables unterscheiden.

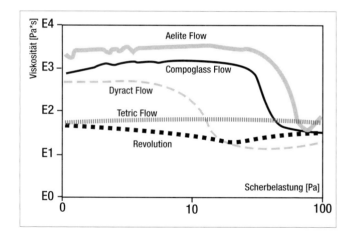

Rheologisches Verhalten diverser Flowables

Liebe Sünder, lasst die heilige Apollonia für Euch beten. In sechs Farben.

Sprache ist ein Wunder, Ausdruck unseres Denkens und der Vielfältigkeit der Kulturen, Beleg der Geistesentwicklung und damit der Geschichte, schließlich aber auch Instrument der Macht oder der Rechtlosigkeit, der Liebe oder des Hasses, des Aufbegehrens oder der Demut, der Freude oder der Trauer.

Mit diesem Buch präsentieren *Corinna Holz*, *Peter Gängler* und *Henry Schneider* über 2500 Sprichworte aus dem Bereich Zahnmedizin, systematisch erfasst, aber auch in einer literarisch aufbereiten Gesamtdarstellung. Durch die grafischen Illustrationen einer prämierten Künstlerin, die bibliophile Ausstattung (das Buch ist als "Schönstes deutsches Buch" nominiert) und die Lieferung mit einer großformatigen Apollonia als handsigniertem Sechsfarbdruck werden die 500 nummerierten Exemplare wohl schnell vergriffen sein. Nicht nur die "zm" waren begeistert (s.u.): viele weitere Stimmen loben dieses Buch.

BIBLIOGRAFIE:
Zahnmedizin im Spiegel des Sprichworts
Holz/Gängler/Schneider
1. Auflage 1998
ISNB 3-928588-16-8
Empf. VK: 349,- DM inkl. einer 6farbigen handsignierten Originalgrafik von E. Stepkes; limitierte Auflage 500 Exemplare!

...und die Kritiker?

zm lobt das Sprichwort-Buch
in höchsten Tönen:
"..eine bibliophile und künstlerische
Kostbarkeit.. ein künstlerischer Hochgenuß...Die
ganze Vielfalt dieser Sprichwort-Überlieferung
hat eine kundige Autorin liebevoll bearbeitet...
ein exklusiver Rahmen..
Die streng limitierte Erstauflage geht nicht nur
beim Textdesign neue schöne Wege, sondern ist
mit hochwertigen Monotypien
der Künstlerin Stepkes illustriert...
eine sammlerische Rarität.
Es macht Freude, sowohl optisch als auch
haptisch, und natürlich vor allem intellektuell...
Ein wunderschönes Geschenk für Zahnärztin
und Zahnarzt - und wenn sie es sich selbst
schenken." (Hartmut Friel)
zm 88/18 vom 16.9.1998, S. 66 (2248)

DZW voller Begeisterung:

"In diesen (standespolitisch) trüben
Zeiten ist das Buch sicherlich eine gute
Abwechselung zum Schmökern und
darüber hinaus auch
ein passendes Geschenk.

Künstlerisch ansprechend umgesetzt..

(..) einer der Anwärter auf den Titel
"Schönstes Buch des Jahres 1998"

DZW 48/98 S. 22

6 Abbindereaktionen

6.1. Härtung eines (Hybrid–) Glasionomerzements

Glasionomerzemente durchlaufen eine Härtungskaskade. Zuerst wird das Fluoraluminium–Netzwerk durch Protonen aus der wässrigen Polykarboxylsäure attackiert und setzt Metallionen (Al, Ca, Sr) frei. Der pH–Wert der wässrigen Phase des Zements beginnt zu steigen, was in weiterer Dissoziation der Polykarboxylsäure resultiert. Die Polymerkette besitzt damit eine Reihe negativ geladener Karboxylatgruppen, die ein elektrostatisches Feld erzeugen und die Migration freigesetzter Kationen in die wässrige Phase stützen. Die Abstossung der negativen Karboxylatgruppen verursacht eine Verwindung der Polymerkette, was klinisch zu einem Anstieg der Zementviskosität führt.

In Hybrid–Glasionomerzementen beinhaltet die wässrige Phase ein polymerisierbares wasserlösliches Methacrylat–Monomer wie HEMA (2–Hydroxyethylmethacrylat) oder GDMA (Glyceryldimethacrylat). Die Anwesenheit dieser Stoffe lässt den initialen pH sinken, so dass der resultierende Ionisationsprozess im Vergleich zu konventionellen Glasionomeren verzögert ist.

Ionisation

Mit dem Anstieg der Ionenzahl geraten die Kationen in einen Komplex mit den ionosierten Polykarboxylat–Ketten. Unlösbarkeit resultiert, so dass eine Salzkomplex ausfällt, der von einem Sol–Stadium in ein Gelstadium übergeht. Mit der Anbindung von trivalenten Aluminiumkationen an die Polyanionen–Kette schreitet der Härtungsprozess fort (Abb. 14, S. 36).

Komplexbildung

Abbindereaktionen - Rolle der Methacrylate

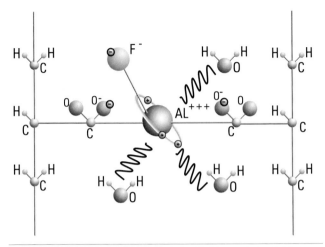

Die Stuktur der Bindungen beruht auf der ionischen Beziehung zwischen den Coo—Gruppen der C–Kette und dem positiv geladenen Aluminiumion des Glasfüllkörpers, das ebenso mit Wassermolekülen und Fluoridionen interagiert. 14

Wasser spielt im Abbindeprozess der Glasionomere eine integrale und wichtige Rolle. In den kunststoffmodifizierten Zementen, in denen der Wassergehalt sehr gering ist, ist auch die Glasionomer–Säure–Base–Reaktion ineffektiv. Gleichzeitig ist eine Stabilisierung des Aluminium–Polykarboxylat–Komplexes durch koordinative Bindungen eine wichtige Aufgabe des Wassers. Dieses „gebundene" Wasser im Glasionomerzement beträgt bis zu 20%.

Weinsäure ist als zusätzlicher Bestandteil vieler Glasionomere zur Verlängerung und Modifikation der Verarbeitungszeit essentiell.

Rolle der Methacrylate

Im wässrigen System von Hybridglasionomerzementen ist ein Teil des Wassers ersetzt durch HEMA oder bis–GMA. Die Anwesenheit von Methacrylatharzen unterdrückt die Ionisierung der Polyacrylsäure und verlangsamt die Reaktion. Gleichzeitig polymerisiert das Methacrylat. In einigen Systemen wurde das Wasser vollständig durch Methacrylat-Monomere ersetzt, eingeschlossen Materialien wie bis–GMA und Urethandimethacrylat (Abb. 15, S. 37).

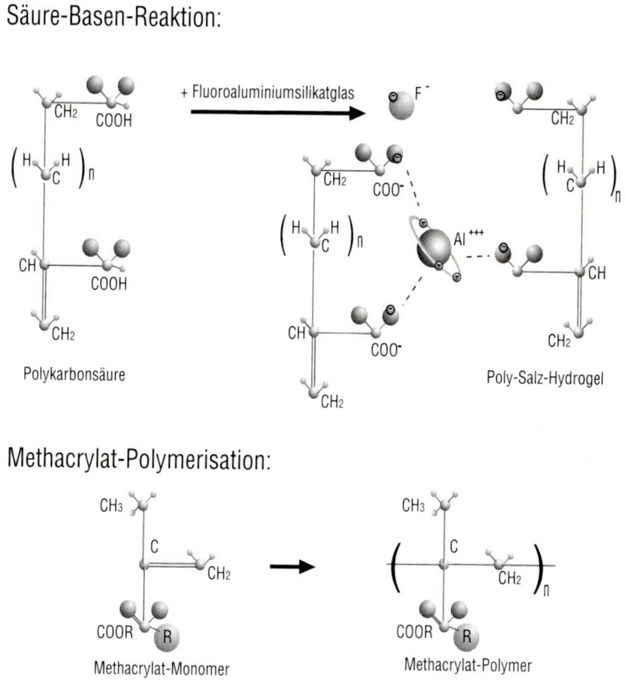

Säure-Basen-Reaktion:

+ Fluoroaluminiumsilikatglas

Polykarbonsäure

Poly-Salz-Hydrogel

Methacrylat-Polymerisation:

Methacrylat-Monomer → Methacrylat-Polymer

Hybrid–Glasionomerzemente beinhalten neben einer Säure–Basen-Abbindereaktion eine radikalische Polymerisation der Methacrylat–Monomere. 15

Die zwei Matrizen dieser Zemente haben eine unterschiedliche Natur, was die Gefahr der Phasenseparation beherbergt. Daher wurde ein weiterer Typ eines methacrylat–modifizierten Glasionomerzements entwickelt, in

Abbindereaktionen - Rolle der Methacrylate

dem ein kleiner Anteil der Karboxylatgruppen durch Methacrylatgruppen ersetzt ist. Die Methacrylatgruppen sind an die Hauptgruppe durch eine Amidbindung angekoppelt. Eine geringe Menge HEMA ist dem Wasser beigemischt als Lösungsvermittler. Diese Technologie –angewandt in Produkten wie Vitrebond oder Vitremer – resultiert in einer schnellen initialen Härtung durch Photopolymerisation der Methacrylatgruppen des Polymers und HEMA (Abb. 16, S. 38).

Ein kleiner Anteil der Karboxylatgruppen der Polykarbonsäuren ist ersetzt durch Methacylatgruppen, die über Amidbindungen an die Hauptkette angebunden werden.. 16

Die Photoinitiation der Methacrylatgruppen–Polymerisation bedarf der Anwesenheit geeigneter Photoinitiatoren, wobei Kampferchinon sehr häufig angewendet wird. In wässrigen Lösungen werden auch Salze wie Sodium–p–Toluonsulfinat oder Diphenyljodid mit zahlreichen Anionen verwendet. Traditionelle Amin–Acceleratoren sind in diesen Systemen nicht sehr erfolgreich, da in Anwesenheit von Wasser das Amin aus der Polykarboxylsäure protoniert wird. In wasserfreien Systemen können traditionelle Acceleratoren verwendet werden (MITRA, 1995).

Ist die Photoinitiation vom Lichtzutritt abhängig, so besteht die Gefahr, dass bei ungenügender Bestrahlung nicht alle Methacylatgruppen reagieren. Einigen lichthärtenden Materialien, auch als dual– oder dreifachhärtend bezeichnet, wurde daher ein weiteres Redoxinitiatorsystem zugegeben, das freie Radikale auch ohne Lichtzutritt generiert. Dieser Vorgang dauert in der Regel etwas länger (4 Minuten).

6.2. Kompomer–Reaktionen

Die Kompomere stellen eine Weiterentwicklung auf dem bisher beschriebenen Weg dar. Die Aushärtung eines Kompomers erfolgt im eigentlichen Sinne nicht dual, sondern lediglich durch eine Polymerisation. Durch die primäre Aushärtung werden die wesentlichen Resistenz–Eigenschaften des Systems definiert.

Die sekundäre Reaktion entspricht in Teilen der Härtung konventioneller Glasionomerzemente und wird durch Wasseraufnahme des Materials induziert. Gegenüber der Polymerisation ist die Säure–Basen–Reaktion aber in Bezug auf die Härtung zu vernachlässigen.

Die primäre Polymerisation (beschrieben ist der Vorgang an dieser Stelle für das gut dokumentierte Dyract) ist bei Kompomeren, die als Einphasenmaterialien verarbeitet sind, ausschliesslich licht–initiiert (Photoinitiation) und führt zur Polymerisation des UDMA und TCB–Harzes unter Ausbildung eines dreidimensionalen Netzwerkes. Die lichtinduzierte Polymerisation der freien Methycrylat–Radikale ist um Grössenordnungen höher als die initiale Reaktion konventioneller Glasionomerzemente.

Die am TCB–Molekül befindlichen (hydrophilen) Karboxylatgruppen bleiben in dieser Phase noch inaktiv, da das Kompomer als solches wasserfrei ist (Abb. 17, S. 40).

Primäre Polymerisation

Abbindereaktionen - Sekundäre Ionenreaktion

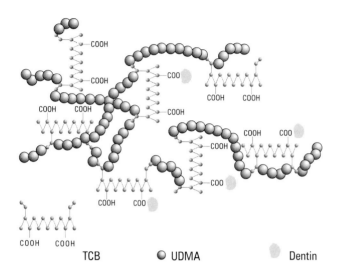

TCB ● UDMA ● Dentin

Kompomerstrukturen unterscheiden sich signifikant von Glasionomeren:
Urethandimethacrylat–Ketten werden über TCB–Moleküle an Dentinstrukturen
angebunden und vermitteln Haftungsvalenzen.

17

Sekundäre Ionenreaktion Kommt das Material jedoch in Kontakt zu feuchtem Milieu, so nimmt die polymerisierte Masse Wasser durch Absorption auf. Abhängig von der Grösse der Restauration wird die Absorption für mehrere Monate weitergehen und zwar solange, bis das gesamte Füllungsmaterial seinen maximalen Wassergehalt erreicht hat. Das Wasser führt zur Salzbildung im Bereich der Karboxylgruppen, die mit den Metallkationen aus dem reaktiven Silikatglas interagieren. Innerhalb der Harzstruktur des Kompomers kommt es zur Bildung von Hydrogelen (GRÜTZNER, 1996). Der Ionenaustausch könnte sich aber auch vor allem auf eine einige hundert Mikrometer dicke äussere Schicht beschränken und erst nach Abtrag dieser Schicht weitergehen. Das Verhältnis von radikalischer Polymerisation zu Ionenaustauschreaktion liegt etwa bei 8:1.

Dyract nimmt insgesamt maximal 3 Gew.% Wasser auf. ATTIN, SCHALLER, KIELBASSA, HELLWIG und BACHALLA nennen nach 28 Tagen einen Gehalt von 1,8 Gew.% Wasser. Die damit verbundene Expansion ist konträr zur bisher bekannten und nachteiligen Komposit-Schrumpfung.

Das durch die Karboxylgruppen und TCB–Moleküle bedingte saure Milieu im Dyract führt dazu, dass Metall– Kationen aus dem reaktiven Silikatglas herausgelöst werden. Damit vernetzt die gesamte Matrix weiter und führt zur Ausbildung einer hydrogelartigen Substruktur. Jene ist ebenfalls entscheidend für die langfristige Fluorid–Abgabe, welche das Dyractmaterial auszeichnet (Abb. 18, S. 41).

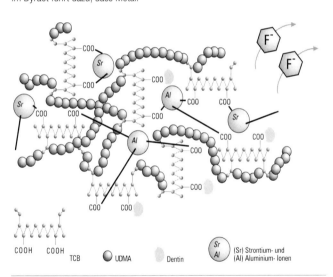

In der zweiten, langfristigen Reaktion entstehen über Strontium– bzw. Aluminiumionen weitere zentrale Bindungsvalenzen. Die sekundäre Härtung läuft nur unter Wasserzufuhr und über einen längeren Zeitraum ab.

18

Abbindereaktionen - Säure–Basen–Reaktion

Säure–Basen–Reaktion

Das Ausmass der Säure–Basen–Reaktion ist eine Funktion der Zeit und Entfernung des Messpunktes von der Oberfläche des Prüfkörpers. Diese Feststellung von KAKABOURA, ELIADES und PALAGHIAS (1995) bezieht sich auf die experimentellen Untersuchungen mit Hilfe der Mikro–MIR FTIR–Spektroskopie. Die Abbindereaktion des Kompomermaterials initiiert nicht bei Abwesenheit von Feuchtigkeit und Licht. Bei Lagerung des Materials in Wasser setzt während einer initialen zweiwöchigen Periode eine schnelle Säure–Base–Reaktion ein, die sich anschliessend signifikant verlangsamt. Zusätzliche Untersuchungen mittels sequentieller Spektralanalyse (Absorption der Karboxylatgruppen bei 1600–1500 cm^{-1}, gebundener Karboxylgruppen bei 1740 cm^{-1}) ergaben für alle vier Wochen in Wasser gelagerten Proben eine erhebliche Abnahme des Karboxylat/karboxyl–Verhältnisses in einer 100 Mikrometer starken Oberflächenschicht. Ein Gleichgewicht konnte bis zu 400 Mikrometern Tiefe festgestellt werden. Eine erneute Immersion dieser Oberfläche führte zur wiederholten Veränderung in Richtung auf eine Säure–Basen–Reaktion, die aufgrund des gesamten Versuchs für Dyract eindeutig nachgewiesen werden konnte.

Kinetik der freien Radikale

SUSTERCIC, CEVC, SCHARA und FUNDUK untersuchten die Kinetik der freien Radikale im Kompomer im Vergleich zu der in einem Komposit (Herculite). Dabei stand vor allem die Frage im Raum, ob die langsam verlaufende Säure–Basen–Reaktion Einfluss auf die Radikalkonzentration hat. Es wurden Proben der Materialien sofort nach Lichtexposition, nach Lagerung in trockener Athmosphäre (flüssiger N_2) und nach Lagerung in feuchter Kammer über 2 bis 8 Tage untersucht. Die initiale Konzentration an freien Radikalen – gemessen durch paramagnetische Elektronen–Resonanz (BRUKER ESP–300, X–band, 9 GHz) betrug bei Dyract 15,4, bei Herculite 7,38 zu Versuchsbeginn. Nach 24 Stunden in feuchter Kammer hatte die Konzentration in Dyract um 68% abgenommen, während die Konzentration im Komposit nur 30% vermindert war. In flüssigem Stickstoff war eine Veränderung nicht feststellbar.

Die Abbindemechanismen von kunststoffmodifizierten Glasionomerzementen waren auch Gegenstand einer umfangreichen Untersuchung von Eliades, Kakaboura und Palaghias (1996). Unter Zuhilfenahme der Micro–Multiple–internal–reflectance (MIR)–FTIR Spektroskopie beurteilte er die Härtecharakteristik sofort nach Lichtbestrahlung, den Effekt einer verzögerten Bestrahlung und das Ausmass der Säure–Basen–Reaktion nach 20minütiger dunkler Lagerung. Sofort nach Bestrahlung liegt die Härteeffizienz der getesteten Materialien Fuji II LC, Photac Fil, Variglass und Vitremer zwischen 33 und 50% der verbliebenen Karbondoppelbindungen (RDB). Bei fehlender Bestrahlung zeigte Variglass keine Zeichen einer Säure–Base–Reaktion, wahrscheinlich aufgrund des begrenzten Wassergehalts (6 Gew–%) und der relativen Wasserunlöslichkeit der Pulverkomponente (geringe Zahl an freien Aluminium–Valenzen). Eine solche Härtung wurde jedoch für Fuji–II–LC, Vitremer und Photac–Fil festgestellt, wobei die geringsten Veränderungen im Verhältnis COOM/COOH–Bindungen bei Photac–Fil auftraten. Dies ist wahrscheinlich auf das verlangsamte Lösungsverhalten pulverisierter Polyacrylsäure zurückzuführen (im Gegensatz zu Fuji–II–LC und Vitremer, die methacrylatmodifizierte Polyakrylsäure in der Flüssigkeit haben). Photopolymerisation und Säure–Basen–Reaktion beeinflussen sich und führen im Abbindeprozess zu gegenseitigen Beeinträchtigungen. Vitremer weist zusätzlich zur Säure–Basen– und photoinitiierten Vernetzung eine chemisch initiierte freie radikale Polymerisation auf.

Volumenänderung beim Abbinden

Die Frage der Volumenveränderung beim Abbindeprozess war Gegenstand einer Untersuchung von POSPIECH, ROMMELSBERG, TICHY und GERNET (1995). Dabei ging es sekundär auch um die Eignung der Kompomere als Stumpfaufbaumaterial. Die Anforderungen an ein Stumpfaufbaumaterial (gute permanente Adhäsion am Stumpf und am Aufbaustift, gute Biokompatibilität, hohe Biegefestigkeit, Härte und eine akzeptable Verarbeitungs– und Abbindezeit) sollen von den Kompomeren erfüllt sein. Als verbleibendes offenes Problem wurde die eventuelle hygroskopische Expansion genannt. Infolgedessen untersuchte das Forscherteam die Volumenstabilität von Dyract, Amalgam (Oralloy), Glasionomerzement (Ketac–Silver), Komposit (Adaptic), lichthärtendem Glasionomerzement (Fuji II LC) und einer Kontrollgruppe bezüglich der Randspaltentwicklung an Stumpfaufbauten und nachfolgender Gusskronenversorgung über einen Zeitraum von 3,6,12 und 18 Monaten. Ketac–Silver, Oralloy und die Kontrollgruppe zeigte keine signifikante Expansion. Fuji II LC zeigten eine dramatische Expansion bereits nach 2 Wochen, die zu einem Randspalt von 1200 Mikrometern führte. Die initiale Expansion von Adaptic (Spalt 33,5 Mikrometer) stagnierte im folgenden. Dyract führte zu sehr geringen Randspalten (14,9 Mikrometer), die sich auch nach 18 Monaten lediglich bis auf das Niveau des Komposits verstärkten. Als Schlussfolgerung resümierten die Autoren, dass das Kompomer dem klinisch bewährten Komposit bezüglich seiner Volumenänderung sehr nahe kommt.

Auch ATTIN, BUCHALLA, KIELBASSA und HELLWIG (1995) beschäftigten sich mit dem Thema der Schrumpfung bei Härtung bzw. weiteren Volumenänderungen. Fünf Minuten und 24 Stunden nach Anmischen bzw. Polymerisation wurde die Abbindeschrumpfung, nach 14 und 28 Tagen die weitere Volumenänderung von sechs kunststoffmodifizierten Glasionomerzementen (Fuji II LC, Ionosit Fil, VariGlass VLC, Vitremer, Photac–Fil) bzw. Dyract, einem Hybridkomposit (blend–a–lux) und einem chemisch härtenden Glasionomerzement (ChemFil Superior) bestimmt. Dabei lag die mittlere Volumenschrumpfung des Glasionomerzements erwartungsgemäss innerhalb der ersten fünf Minuten beim niedrigsten gemessenen Wert (–1,2 Vol %), gefolgt vom Hybridkomposit, Vitremer, Dyract und Photac–Fil. Die Werte für Fuji–II–LC und VariGlass VLC lagen deutlich höher. Nach 24 Stunden wiesen blend–a–lux, ChemFil Superior und Dyract die niedrigsten Schrumpfungswerte auf, gefolgt von Vitremer, Photac–Fil, Fuji–II–LC, VariGlass und Ionosit Fil. Nach 14 bzw. 28 Tagen Wasserlagerung war das Hybridkomposit volumenstabil. Die beste Annäherung an diesen Wert zeigten Dyract und Ionosit Fil (1,5 Vol % Expansion). Die Werte für Vitremer, VariGlass VLC, Fuji–II–LC und PhotacFil waren zwei bis sechsfach höher, während Chemfil um 5,3 Vol % schrumpfte. Der Wassergehalt des Materials lag nach 28 Tagen zwischen 10,3 (Photac–Fil) bzw. 9,6 (ChemFil) und 0,3 (blend–a–lux) bzw. 1,6 Gew% (Dyract) (Abb. 19, S. 46).

Abbindereaktionen - Volumenänderung beim Abbinden

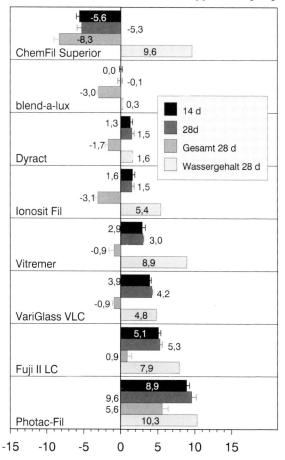

Nach 14 bzw. 28 Tagen Wasserlagerung ist die Wasseraufnahme von Glasionomeren, Kompomeren und Komposites unterschiedlich. Auch der Wassergehalt nach dieser Periode unterscheidet sich signifikant (ATTIN, 1995).

7 Adhäsion

7.1. Zusammensetzung des Primer-/Adhäsivsystems

In Abänderung der bei Komposits üblichen Säureätztechnik wurde mit Schaffung eines kompomerspezifischen Primer-/Adhäsivsystems eine Alternative zur herkömmlichen Technik entwickelt. Das Adhäsivsystem des Kompomermaterials Dyract besteht aus drei verschiedenen Kunststoffen in einer azetonischen Lösung.

Wesentlich für die Bildung von ionischen Verbindungen mit den anorganischen Bestandteilen des Zahnes ist dabei das PENTA–Monomer (Dipentaerythritolpentacrylat–Phosphorsäure).

Penta

Das Triethylenglykoldimethacylat (TGDMA) und ein Urethandimethacrylat (UDMA) dienen als elastische Harze. Sie bestimmen den Grad der Vernetzung und die Elastizität des ausgehärteten PSA–Primer/Adhäsiv–Systems. Die azetonische Lösung führt zu einer vollständigen und effizienten Benetzung der behandelten Zahnhartsubstanz, da sie als Trägermatrix die Diffusion der aktiven Bestandteile in die Zahnoberfläche deutlich beschleunigt (GRÜTZNER, 1996).

TGDMA

Das PSA–System von Dyract besitzt einen pH–Wert von 2,6. Damit entfaltet das Adhäsiv eine eigene Ätzwirkung an der Zahnhartsubstanz–oberfläche. Dies mag eine teilweise Erklärung für den möglichen klinischen Verzicht auf eine Säureätzung sein (Abb. 20, S. 48).

Chemische Formel des PENTA-Moleküls   20

Die zweifache Applikation des Primer/ Adhäsiv-Systems ist von besonderer Bedeutung, um den Erfolg der einzelnen Schritte der Oberflächenkonditionierung und Oberflächenpenetration in ausreichendem Masse zu gewährleisten. Mit dem zweiten Adhäsivanstrich kommt es zudem zur Verdickung des Interface, so dass die elastische Ankopplung an das Kompomer-Material besser ausfallen kann.

Aceton

Das im PSA-Primer/Adhäsiv enthaltene Aceton ist nicht nur ein hervorragender Lösungsvermittler mit konsekutivem progressiven Benetzungspotential, sondern führt zu einer ausgewogeneren und weniger verarbeitungsempfindlichen Adhäsivschicht. Bei zähviskosen Adhäsiven besteht nicht nur die Gefahr der deutlich schlechteren Benetzung, sondern auch die Möglichkeit des zu starken Ausdünnens beim Ausblasen der Kavität mit Druckluft (ERICKSON, 1992). Eine adäquate Polymerisation der Hybridschicht könnte damit verhindert sein (FRIEDL, POWERS, HILLER und SCHMALZ 1995) (Abb. 75, S. 140).

Der acetonische Primer des Dyract–Systems hebt bei Kontakt mit feuchten Dentinoberflächen (siehe „Total etch/Wet Bonding" auf Seite 66) den Siedepunkt des Acetons und senkt den Siedepunkt des Wassers. Aceton und Wasser verdampfen zusammen von der Dentinoberfläche und lassen das Adhäsiv zurück. Bei anderen Systemen (u.a. Compoglass) befinden sich die aktiven Komponenten in wässriger Lösung; die Gefahr einer Hydratisierung der Bestandteile sollte in diesem Zusammenhang nicht unerwähnt bleiben. Dies wirkt sich in der Praxis in unterschiedlichen Lagerungszeiten der Materialien aus.

7.2. Adhäsive Eigenschaften

Das Dyract–PSA–System wurde 1995 abgelöst durch die weiterentwickelte Formulierung des bisherigen Adhäsivs Prime&Bond 1.0. Prime&Bond 2.0 wurde als Universaladhäsiv zur Anwendung mit dem Dyract–Kompomer wie auch mit dem Hybridkomposit Spectrum TPH konstruiert. Inzwischen liegt eine verbesserte Version (Prome&Bond 2.1.) vor. Die zitierten Untersuchungen beziehen sich in dieser Publikation in der Regel auf das Gesamtrestaurationssystem, so dass oftmals eine Unterscheidung zwischen PSA– und P&B– Verwendung nicht möglich ist.

CHERSONI, MILIA, CRETTI und PRATI (1996) beschrieben für Prime&Bond 2.0 eine im REM bzw. TEM beobachtete grosse Anzahl lateraler Verzweigungen („branches") an den Kunststofffortsätzen („tags"). In mehreren Proben konnten auch intratubuläre Kunststoffglobuli beobachtet werden. Die Dicke des Hybridlayers wurde von den Autoren mit 0,4 bis 0,1 µm entlang der Dentintubuli und lateralen Verzweigungen angegeben. Anscheinend scheint die Entfernung der oberflächlichen Schmierschicht die Primer–Penetration in tiefere Dentinschichten durch die Dentintu-

Prime&Bond 2.0

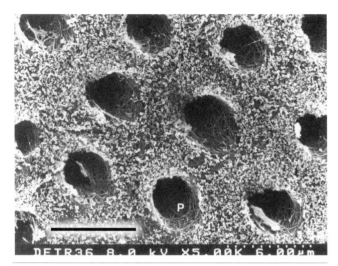

Aufsicht auf eine 15 Sekunden konditionierte Dentinoberfläche (Phosphorsäuregel, DeTrey Conditioner 36). Bei einer Vergrösserung von 12500x wird das durch Demineralisation freigelegte Kollagennetz sichtbar.

21

buli zu fördern (Bild 21, S. 50; Bild 22, S. 51; Bild 24, S. 53; Bild 26, S. 54; Bild 27, S. 56).

Die adhäsiven Eigenschaften des Dyract–Füllungsmaterials bestimmen sich bis zu einem gewissen Grad aufgrund seiner teilweisen Identität mit dem traditionellen Glasionomerzement. Die Polyelektrolyte verbinden sich auch ohne Säureätzung mit Schmelz wie Dentin, wobei der Adhäsionsmechanismus auf einer ionischen Bindung der funktionellen Karboxylgruppen mit den Kalziumionen des Substrates (Hydroxylapatit) beruht. Darüber hinaus wird davon ausgegangen, dass es zur Bildung von sekundären Valenzbindungen (zum Beispiel Wasserstoffbrückenbindungen) kommt.

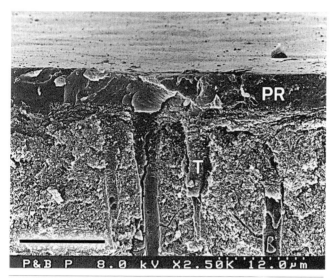

Querschnitt bei 6350facher Vergrösserung einer konditionierten und mit Prime&Bond 2.0 behandelten Oberfläche. Das polymerisierte Harz (PR) ist etwa in einer Stärke von 5 Mikrometern auf der Dentinoberfläche zu erkennen. Im Bereich der Tubuli sind Fortsätze zu erkennen (Tags, T).

22

Bei der Anwendung des Primer/ Adhäsiv–System kommt es ebenfalls zur Ausbildung von ionischen Bindungen des PENTA–Moleküls (hydrophile Phosphatgruppe) mit den Kalziumionen des Hydroxylapatits der Zahnoberfläche. Zusätzlich findet eine Vernetzung der methacrylatbasierten Harze durch Photopolymerisation statt. Die Vorbehandlung des Schmelzes und Dentins mit PSA–Primer/ Adhäsiv verdoppelt die Schmelzadhäsion im Vergleich zu unbehandeltem Schmelz.

Das Ausmass der Adhäsion von Dyract zum Dentin scheint mit der Zeit einer Veränderung zu unterliegen. Das bifunktionelle TCB–Molekül interagiert dabei mit zunehmender

Adhäsion - Prime&Bond 2.0

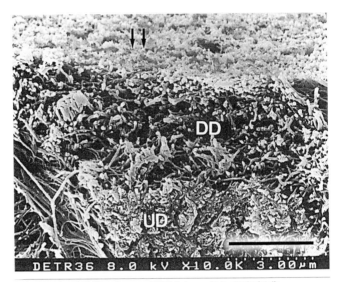

In der lateralen Sicht (Vergrösserung 25000x) einer geätzten Probe ist die demineralisierte Zone von etwa 3 Mikrometern sichtbar (DD). Individuelle Kollagenfasern sind zu erkennen und klar zu unterscheiden vom darunterliegenden Dentin.

23

Zeit mit den Hartsubstanzoberflächen (GRÜTZNER, PFLUG, 1998, vgl. Tabelle 25 auf Seite 53).

Die Bonding-Mechanismen von Compoglass und Dyract untersuchten PALAGHIAS, KAKABOURA und ELIADES (1995). Sie fanden eine Primerwirkung in der Demineralisation des oberflächlichen Dentins, Öffnung der Dentintubuli und Formierung einer Hybridzone mit dem intertubulären Dentin. Der Compoglass–Primer SCA führte dabei zu sehr viel stärkeren Entkalkungen als der Dyract–Primer PSA. SCA formierte eine mehr organisierte Interdiffusionszone, wobei aber in vielen Proben Randspalten am Primer–Kompomer–Interface beobachtet werden konnten. PSA zeigte eine verbesserte Härtungscharakteristik und bessere Benetzungseigenschaften.

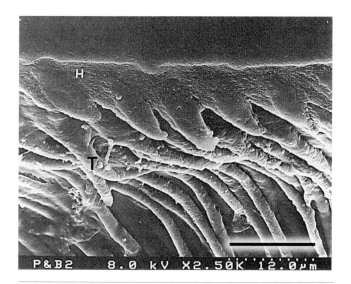

Bei einer Vergrösserung einer demineralisierten und deproteinierten Deintinoberfläche mit Restauration sind zahlreiche Tags im Bereich der Dentintubuli zu erkennen (T) Der Übergangsbereich zeigt die Formation einer Interdiffusionszone des Harzes, den sogenannten Hybrid–Layer (H). 24

Substrat	Applikationszeit (Tage)		
	1	90	180
Schmelz	6,8 (4,0)	–	–
Dentin	2,7(0,7)	5,4(1,6)	6,8(3,6)

Veränderung der Adhäsionswerte mit zunehmender Applikationszeit 25

Im Zusammenhang mit der Diskussion über beste Haftwerte und optimales Randspaltverhalten sollte nicht unerwähnt bleiben, dass im klinischen Einsatz die Praktikabilität eines Systems oftmals eine grössere Rolle spielt als geringgradige Unterschiede in den Adhäsivwerten (NOACK, 1993).

Adhäsion - Randdichtigkeit

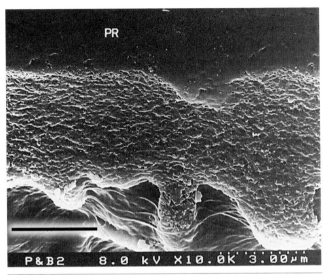

Bei einer höheren Vergrösserung (12500x) wird die charakteristische Netzstruktur des Hybridlayers deutlich. In diesem Falle demonstriert die REM–Aufnahme die Fähigkeit des geprüften Adhäsivsystems (Prime&Bond 2.0) zur kompletten Infiltration des demineralisierten Kollagennetzwerks und zur dichten Anlagerung an die einzelnen Fasern.

26

Randdichtigkeit

In einer In–Vitro–Untersuchung überprüfte REINHARDT (1995) die Randdichtigkeit von Dyract im Farbpenetrationstest an extrahierten menschlichen Prämolaren und Molaren. Dabei konnte nach der Anwendung des Primer/Adhäsivs (PSA) zum Dentin keine Randundichtigkeit mehr festgestellt werden.

JEDYNAKIEWICZ, MARTIN und FLETCHER (1995) führten eine klinische Bewertung der neuen selbstkonditionierenden Dentinadhäsive durch. Dabei wurde Dyract PSA als neues Einkomponenten–Dentinadhäsiv in azetonischer Lösung gegen ein Kontrollmaterial (GC) bei der Versorgung nicht–retentiver Kavitäten getestet. Obwohl das PSA nicht entsprechend den Vorgaben des Herstellers verwendet wurde (nur einmaliges Auftragen), erreichte das neue Dyract–System gleiche Erfolge wie das etablierte System zur Versorgung von Zahnhalsläsionen.

Auch KUNZELMANN, BAUER und HICKEL (1994) beschäftigten sich mit der Randdichtigkeit von lichthärtenden Glasionomerzementen und Kompomeren in dentinbegrenzten Kavitäten. Die Proben der an extrahierten Zähnen mit den zu untersuchenden Füllungsmaterialien versorgten Klasse–V–Kavitäten wurden einer Thermowechsellast (500 Zyklen, 5/55 Grad Celsius) unterworfen und hinsichtlich ihrer Randdichtigkeit mit Hilfe der Farbstoffpenetration überprüft. Als Ergebnis der Untersuchungen sei referiert, dass gegenüber den lichthärtenden Glasionomerzementen (Photac–Fil, Vari–Glass VLC, Fuji II LC und Vitremer) das Kontrollmaterial Prisma–TPH mit Prisma Universal–Bond 3 im Schmelz immer bessere Randdichtigkeit zeigte. Im Dentin dagegen führten die lichthärtenden Glasionomerzemente ebenso wie Dyract zu besserer Randdichtigkeit als die Kombination Komposit/Dentinadhäsiv. Dyract hatte – so eine zentrale Aussage der Untersuchung – sowohl im Schmelz als auch im Dentin eine bessere Randqualität als alle lichthärtenden Glasionomere. Für beide Situationen – Schmelz wie Dentin – bescheinigten die Autoren dem Kompomer Dyract als einzigem ein akzeptables Randverhalten.

In einer In–Vitro–Untersuchung prüften VYVER, JANSEN und DE WET (1995) die Haftkräfte von Vitremer, Fuji II LC und Dyract an menschlichem Dentin. Dazu wurden die Werkstoffe vorschriftsgemäss verarbeitet und Scherkräften einer Prüfmaschine ausgesetzt. Die erreichten Scherhaftkräfte betrugen für Vitremer 14,8 MPa, für Fuji II LC 15,38 MPa und für Dyract 15,63 MPa. SALAMA, KUNZELMANN und HICKEL (1995) ermittelten für Z100

Haftkräfte

Adhäsion - Haftkräfte

26,1 MPa, Compoglass 10,4 MPa, Dyract 9,25 MPa, Tetric/Syntac 7,6 MPa und Vitremer 4,7 MPa.

Eine ähnliche Untersuchung führte die CLINICAL RESEARCH ASSOCIATION (CRA, 1996) durch. Dabei schnitten Perma-Quik und Prime&Bond mit Werten über 10 MPa (auf Dentin) am besten ab. Dies korrelierte mit der Bildung von Mikrospalten: PermaQuik und Prime&Bond zeigten auch die niedrigste Zahl an Randspalten. Klinisch verlangte der Bondprozess bei PermaQuik eine Applikationszeit von 2:41 min, bei Prime&Bond von 1:47 min, wobei die Kosten des PermaQuik–Systems etwa fünfmal so hoch wie die des Prime&Bond–Systems sind (Bild 27, S. 56; Bild 28, S. 57).

Scherfestigkeit

Adhäsivsystem	MPa
PermaQuik	10,9
Prime & Bond	10,1
Scotchbond MP	9,9
All-Bond 2	9,8
One-Step	9,3
TenureQuik w/Fluoride	8,7
Bond 1	8,4
Clearfil Liner Bond 2	8,3
Amalgambond Plus	7,5

Legende: Applikation aus Spritze, Einflaschen-System, Kontrollgruppe, Selbstkondit. Primer (CRA 5/96)

Scherfestigkeit diverser Adhäsivsysteme am Dentin menschlicher Molaren (in–vitro–Ergebnisse, CRA 1996). Es wurden leider keine systemimmanenten Komposite verwendet 27

Adhäsion - Zugfestigkeit

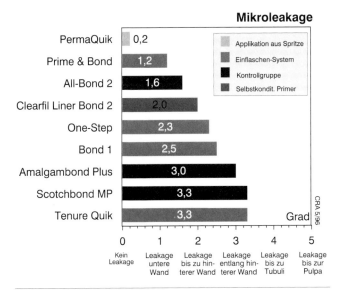

Füllungsundichtigkeit diverser Adhäsivsysteme zwischen Herculite XRV und dem Dentin menschlicher Molaren (in–vitro–Ergebnisse, CRA 1996); es wurden leider keine systemimmanenten Komposite verwendet. 28

JODKOWSKA und IRACKI (1996) verglichen Compoglass, Dyract, Ionosit Fil und Ionosit Base Liner hinsichtlich ihrer Scherhaftkräfte an extrahierten Prämolaren (Bestimmung mit Universaltestmaschine). Dabei ergaben sich am Schmelz signifikant höhere Haftkräfte als am Dentin.

An der Universität Freiburg (ATTIN, 1995) wurde im Rahmen einer Laborstudie die Zugfestigkeitsverhalten des Schmelz– und Dentinverbunds untersucht. ATTIN, BUCHALLA, VATASCHKI, KIELBASSA und HELLWIG verglichen dabei sechs lichthärtende Glasionomerzemente bzw. Kompomere mit einem Hybridkomposit und einem traditionellen Glasionomerzement. Die Universaltestmaschine wurde mit Proben beschickt, bei deren Verar-

Zugfestigkeit

Adhäsion - Zugfestigkeit

beitung die vom Hersteller empfohlenen Empfehlungen eingehalten wurden; die Daten wurden einer statistischen Analyse mit Scheffe'– und Student–t–Test unterworfen. Die Haftkraft der lichthärtenden Glasionomermaterialien war geringer als die des Hybridkomposits, jedoch höher als die des traditionellen Glasionono-

merzements. Lediglich Photac–Fil zeigte bei der Beurteilung des Dentinverbunds schlechtere Werte. Dyract erreichte im Vergleich mit chemisch härtendem Glasionomerzement wie auch im Vergleich mit dem Hybridkomposit blend–a–lux bessere Haftfestigkeitswerte.

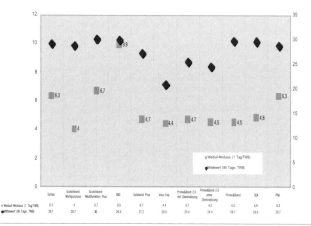

Mittlere Haftfestigkeit verschiedener Adhäsivsysteme an bleibenden Zähnen 29

In einer in–vitro–Untersuchung wurden Dentinadhäsive der dritten und vierten Generation (SWIFT, PERDIGAO, HEYMANN 1995) und Kompomer–Adhäsivsysteme von einer Studiengruppe aus Erlangen untersucht. Die Autoren bewerteten alle Scher– und Zugversuche eher nachteilig, wählten als geeignetes Testverfahren den von KIMURA initiierten und von HALLER realisierten Dentinausstossversuch aus. Durch die kavitätenähnliche Konfiguration der Versuchsanordnung ist es nicht möglich, dass das Komposit während der Polymerisation ungehindert auf das Dentin aufschrumpfen kann – der „configuration factor" (Verhältnis von gebundener zu ungebundener Kavitätenoberfläche) ist um ein vielfaches geringer als beim Ausstossdesign (HALLER, HOFMANN, KLAIBER, PFANNKUCH 1993). Als Orientierungsfaktor für die in–vitro ermittelten Werte mag gelten, dass Dentin ohne Kavität und Füllung im Sinne einer „restitutio ad integrum" im Ausstossversuch bei 96 MPa frakturiert (FRANKENBERGER, SINDEL, KRÄMER 1995). SANO (1995) ermittelte eine Zugfestigkeit von 104 MPa. Auch FRÖHLICH (1996) betonen die Nachteile bei der Ermittlung von Scherkraftwerten, die einer grossen Schwankungsbreite unterliegen. Bei Werten ab 15 MPa können zudem im Scherhaftversuch kohäsive Abrisse im Dentin stattfinden, so dass der Steigerung der Scherkraftwerte ein oberer Grenzwert gesetzt ist.

Im Versuch von FRANKENBERGER et al. wurden normierte Kavitäten gefüllt, einem Thermocycling unterworfen (TWB 5°/55° 1440 Zyklen) und in einer Universalprüfmaschine dem zitierten Ausstossversuch unterworfen. Die besten Ergebnisse bezüglich der Haftfestigkeit am Dentin zeigten nach 24 Stunden Syntac, Scotchbond Multi–Purpose, Scotchbond Multifunction Plus, EBS und Solobond Plus. Prime&Bond 2.0 erzeugte auf angeätztem Dentin keine signifikant besseren Haftwerte als auf nicht konditioniertem Dentin. Die Kompomer–Kombinationen Dyract–PSA und Compoglass–SCA erzielten niedrigere Haftwerte als die neuen Adhäsive. Nach 90 Tagen Wasserlagerung stiegen die gemessenen Werte für die Kompomere signifikant an. Als Ausnahme bezeichneten die Autoren die Kombination Dyract–PSA, da sie den gleichen Weibull–Modulus wie die Kombination Tetric/Syntac erreichte, die auch die höchste Zuverlässigkeit der Bindung zum Dentin zeigte. Der Weibull–Modulus zeigt, dass die mit Hilfe der Dentaladhäsive der vierten Generation unter Anwendung der Techniken „total etching" und „wet bonding" erzielten Ergebnisse im Hinblick auf die Zuverlässigkeit der Verbindung zum Dentin am besten waren. In einer weiteren Publikation (1996) betonen die Autoren, dass die Universaladhäsive (Prime&Bond 2.0, PSA, SCA), deutlich niedrigere Werte erreichen, aber zum Beispiel besser abschneiden als Syntac mit Pertac Hybrid. In diesem Zusammenhang ist es interessant, dass eine Ätzung der Dentinoberfläche bei den Universaladhäsiven keinen signifikanten Einfluss auf die Haftkraft hat und daher bedenkenlos weggelassen werden kann. Aus einem Vergleich von Primc&Bond 2.0 in Verbindung mit Arabesk (Feinpartikelhybrid) bzw. mit Dyract (Kompomer) schliessen die Autoren, dass die deutlich besseren Werte im Ausstossversuch beim Kompomer nach 90 Tagen Wasserlagerung ursächlich nicht auf eine Erhöhung der Haftkraft, sondern auf eine hygroskopische Expansion des Kompomermaterials zurückzuführen ist. Bei Adhäsiven der vierten Generation war die Dentinätzung mit 32–37%iger Phosphorsäure effizienter als die Ätzung mit 10%iger Maleinsäure. Inwieweit die Adhäsive der 5. Generation bzw. Neuentwicklungen mit neuen Conditionern und Primern hier zu anderen Ergebnissen führen, bleibt abzuwarten (siehe „Non–Rinse–Conditioner (NRC)" auf Seite 184).

Haftung an Milchzähnen Mit der Haftung an Milchzähnen beschäftigte sich die Untersuchergruppe FRANKENBERGER, SINDEL, KRÄMER und PELKA, da diese Werkstoffeigenschaften relativ schlecht untersucht sind. Es gibt nur einige wenige Untersuchungen über Dentinhaftvermittler früherer Generationen (SCOTCHBOND 2, TENURE). Die Autoren verglichen daher die Haftfestigkeit an permanenten und Milchzähnen von Syntac („3. Generation"), All–Bond 2 („4. Generation") und One–Step, Syntac Single Component bzw. Dyract–PSA („5. Generation"). Während Syntac und All–Bond 2 signifikant niedrigere Haftkräfte an Milchzähne als an bleibenden Zähnen aufwiesen, produzierten die sogenannten „Einflaschen"–Adhäsive fast gleich gute Haftverbindungen (Abb. 30, S. 61).

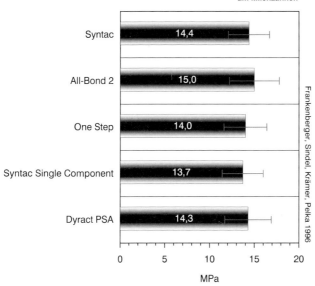

Haftfestigkeit
am Milchzähnen

Syntac 14,4
All-Bond 2 15,0
One Step 14,0
Syntac Single Component 13,7
Dyract PSA 14,3

MPa

Frankenberger, Sindel, Krämer, Pelka 1996

Mittlere Haftfestigkeit verschiedener Adhäsivsysteme an Milchzähnen   30

Auch KIELBASSA, WRBAS und HELLWIG (1996) untersuchten die Haftung diverser Materialien an Milchzähnen. Dabei wurde mit einer Universaltestmaschine die initiale Haftfestigkeit der den Herstellerangaben entsprechend verarbeiteten Materialproben an Dentinscheiben unter Zugbelastung ermittelt. Die Werte lagen für Compoglass bei 1,8 MPa, für Dyract bei 2,4 MPa. Das lichthärtende Photac–Fil erreichte mit 0,4 MPa dagegen nur das Niveau der chemisch härtenden Glasionomerzemente (Baseline 0,4 MPa, Hi–Dense 0,8 MPa). Für Tetric wurde der höchste Wert mit 5,2 MPa ermittelt. Die Autoren schlussfolgern, dass makroretentive Präparationstechniken auch heute noch nicht obsolet sind.

Haftung an kariösem Dentin

Aufgrund der Tatsache, dass als Haftungssubstrat in vielen Fällen nur kariös verändertes Dentin zur Verfügung steht, untersuchten mehrere Autoren die Haftung von Dentinhaftvermittlern in solchen Fällen. Ehudin und Thompson (1994) ermittelten in allen Fällen geringere Haftkräfte. SCHALLER, KIELBASSA, HAHN, ATTIN UND HELLWIG (1998) stellten in einem ähnlichen Versuchsdesign die Ergebnisse der Restaurationssysteme Dyract mit PSA bzw. Optibond, Prime&Bond 2.0, Scotchbond MP und Syntac mit Tetric gegenüber. Sie wiesen einen hochsignifikanten Zusammenhang zwischen Kariesbefall und Haftung nach: die Haftung am normalen Dentin war deutlich höher (2,56 gegenüber 1,94 MPa). Die Ursache mag vielleicht an den im Bereich kariös bzw. sklerotisch verändertem Dentins verschlossenen Dentinkanälchen (Mineralkristallite), an der mangelhaft Ausbildung einer Hybridschicht oder an der minderen Qualität der Kollagenfasern in diesem Bereich liegen.

Dentinadhäsion

Grundlage der Anbindung und damit Etablierung einer ausreichender Materialhaftung ist auch bei den Kompomeren ein ausgeklügeltes Bondingsystem. Die Adhäsivtechnologie zum Schmelz hin ist dabei kaum noch Gegenstand der Diskussion, weil zum Teil Haftkräfte erreicht werden, die über den kohäsiven Kräften der verwendeten Füllungsmaterialien oder des Schmelzes liegen. Im Dentinbereich ist der Fortschritt der letzten Jahre rasant gewesen, wobei an dieser Stelle eine systematische Aufbereitung der Erkenntnisse versucht werden soll. Entscheidend für die Haftung des Haftvermittlers (Dentinbonding–Agent, DBA) ist die Aufarbeitung des smear layers.

| Keine (bleibt unverändert) |
| An– bzw. Auflösung |
| Komplette Entfernung |
| Modifikation der Zusammensetzung |

Mögliche Behandlung des Smear layers durch Ädhäsivsysteme 31

Hier ist die von JOYNT, DAVIS, WIECZKOWSKI, YU (1991) genannte Klassifikation Ausgangspunkt der heutigen Einteilung in fünf Generationen. Die vierte Generation der DBA ist vor allem durch ihr Penetrationsvermögen und die chemische Interaktion mit freiliegenden Kollagenkomponenten des Dentins gekennzeichnet. Zu dieser Generation gehört die primäre Applikation eines Primers, der genügend Zeit haben muss, das Netzwerk an Fasern zu durchdringen. Die fünfte Generation der DBA kombiniert den Primer und das darauffolgende Adhäsiv in einer Lösung.

Eine ausreichende Haftung ist vor allem aufgrund der immer noch nicht gelösten Problematik der Polymerisationsschrumpfung von Komposits bzw. Kompomeren notwendig. Die Schrumpfung von Kompomeren beträgt zwischen 2–3%, wobei sich in den Herstellerprospekten nur unzulängliche Angaben finden (SOLTESZ, 1998). Entsprechende Daten sind zudem nur schwer vergleichbar, da keine allgemein anerkannten Messvorschriften existieren.

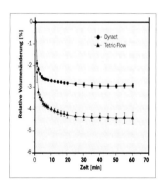

Polymerisationsschrumpfung von Tetric flow und Dyract im Vergleich (Verlauf) 32

Eine mögliche Messmethode ist das Auftriebsverfahren, wobei eine Materialprobe in eine wassergefüllte Küvette verbracht wird, der Auftrieb gemessen wird und daraus das Volumen der Probe und die Dichte berechnet werden kann. Durch die Küvettenwand kann die Probe dann belichtet werden, bevor die Daten erneut erhoben werden (Abb. 32, S. 63). Gegenüber dem anschaulichen Verlauf der Schrumpfung gibt auch die punktuelle Betrachtung Auskunft über zu erwartende Randbelastungen.

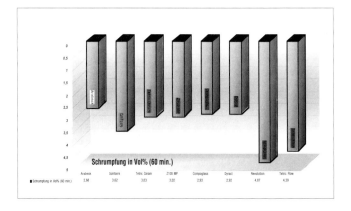

Polymerisationsschrumpfung diverser Komposite und Kompomere im Vergleich (60 Minuten nach Polymerisationsinitiierung; Vol–%). 33

Zur Kompensation der Schrumpfungskräfte sind aus Sicht des Verbunds mindestens 17–20 MPa notwendig (DAVIDSON, 1984; MUNKSGAARD, 1985), um eine Spaltbildung mit nachfolgender Bakterieninvasion und möglicher Sekundärkaries im Randbereich zu vermeiden. Während dieses Ziel im phophorsäurekonditionierten Schmelz problemlos zu erreichen ist („inessentiell hydrophiler Charakter",) zeigt das hydrophile

Gewebe Dentin einige strukturelle Besonderheiten (FRÖHLICH, SCHNEIDER, MERTE 1996). Für die Erreichung einer optimalen Haftung und damit Retention einer Füllung sind eine ganze Reihe von Faktoren notwendig, die HICKEL (1994) zusammenfasst (Abb. 35, S. 65).

Strukturelle Besonderheiten des Dentins gegenüber Schmelz
45% anorganische, 30% organische Anteile, 25% Wasser
in Kollagen eingebettes Hydroxylapatit
Unterschiedliche Dentinstrukturen (peritubulär, tubulär, intertubulär)
Dentintubuli mit nach aussen gerichtetem Liquordruck
Entstehung einer Schmierschicht infolge Präparation

Säureätztechnik am Dentin?   34

Faktor Kavität	• Kavitätenform • Kavitätengrösse, Schmelzbegrenzung • Dentinbeschaffenheit • Präparationsart • Dentinvorbehandlung
Faktor Dentinadhäsiv	• Art der Aushärtung, Aushärtbarkeit • Zeit für Ausbildung und Stabilisierung der Dentinhaftung • chemische und mechanische Haftkomponenten, „Entanglement" • Verbundkraft des DBA • Dicke der Bondschicht/E–Modul
Faktor Füllungsmaterial	• Kompatibilität der org. Füllungsmaterialkomponente zum DBA • Applikationsart des Füllungsmaterials • Aushärtungsart des Füllungsmaterials • Vorspannungen im Restaurationssystem • Dimensionsstabilität der Restauration auf mech. Belastung • Thermische Expansion
Faktor Behandler	• Ausarbeitung und Politur • Erfahrung und Sorgfalt

Faktoren der Haftung und des Randschlusses (n. HICKEL, 1994)   35

Adhäsion - Total etch/Wet Bonding

Im Bereich der Adhäsivtechnologie scheint sich mit der Einführung von Prime&Bond NT im Juli 1998 ein Wandel hin zu teilgefüllten Adhäsiven abzuzeichnen, wobei bisher nur wenige wissenschaftliche Daten vorliegen (siehe „Nanotechnologie" auf Seite 179).

Total etch/Wet Bonding Im Zusammenhang mit der Haftfestigkeit der Materialien an der Zahnhartsubstanz ist die Frage des total etching bzw. wet bonding von grosser Bedeutung. Ob die Konditionierung von Dentin wie Schmelz mit Phosphorsäure einen Vor– oder Nachteil für die Haftung hat, ist stark materialabhängig. Eine gewisse Restfeuchtigkeit des Dentins nach Absprühen der applizierten Säure scheint die Haftfestigkeit deutlich zu verbessern (SCHNEIDER, 1995). Praktisch wird häufig ein Verzicht auf Lufttrocknung der geätzten Kavität und der alternative Einsatz von Wattepellets empfohlen (MDEG, 1995; SCHNEIDER, 1996) (Abb. 36, S. 67). Nicht ganz einfach ist die Simulation der klinischen Situation: so ermittelte PASHLEY (1991) für Scotchbond Multi Purpose eine Haftung von 18,3 MPa an trockenem Dentin, 9,4 MPa an feuchtem Dentin und 1,0 MPa an Dentinscheiben, die perfundiert wurden (simulierter Pulpadruck). ERLER, ERLER, SCHNEIDER und MERTE (1998) untersuchten ebenfalls den Einfluß der Anästhesie: sie schien die Dentin-Adhäsiv-Interaktion nicht zu beeinflussen.

SAUNDERS (1996) verglich wet und dry bonding–Verfahren für Prime&Bond, Scotchbond Multipurpose Plus und Dentastic. Bezüglich des Schmelzbereichs kam er nach Untersuchung der Kavitäten (Farbpenetration und lichtmikroskopische Auswertung nach Thermocycling) zum Ergebnis, dass sich alle Materialien und Techniken nicht signifikant unterscheiden. Für PRIME&BOND und DENTASTIC brachte das wet bonding zudem signifikant bessere Ergebnisse am gingivalen Rand.

Adhäsion - Total etch/Wet Bonding

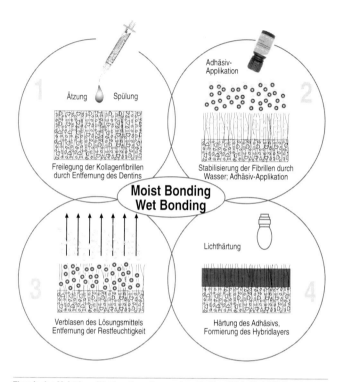

Theorie des Moist bzw. Wet bonding: eine gewisse Restfeuchtigkeit stabilisiert das nach Ätzung, Abspülen und Trocknen freigelegte Kollagengerüst. Das Adhäsiv penetriert in das Gerüst, wobei durch das Verblasen die Restfeuchtigkeit mit dem Träger (z.B. Azeton in Prime&Bond) entfernt wird. Die infiltriertet Hybridschicht wird lichtgehärtet und stellt die Übergangszone zum auflagernden Komposit/Kompomer dar. 36

Das Anätzen des Dentins führt zur Entfernung der dem präparierten Dentin in der Regel aufliegenden und anhaftenden Smear–layer–Schicht (Bild 37, S. 68; Bild 39, S. 69).

Nach der Konditionierung sind die Propfen auf den Tubuli–Öffnungen in der Regel entfernt, die intertubuläre Mikroporosität nimmt zu und die äusseren peritubulären Kollagenfasern werden freigelegt. Das Priming–Ver-

Adhäsion - Total etch/Wet Bonding

Im REM zeigt sich nach Oberflächenkonditionierung eine Zone entkalkten Dentins (Pfeile) im intertubulären Bereich; in den Tubuli liegen unter Umständen noch Reste der Odontoblastenfortsätze (*).

37

fahren führt zur Infiltration dieses Netzwerks mit hydrophilen Komponenten, die die Anbindung des nachfolgenden Bonds garantieren. Die herangeführten Monomere polymerisieren und formen ein komplexes Netzwerk mit der Dentinmatrix, zusammen mit entstehenden Zapfen (tags) ins Dentin (LAMBRECHTS, VAN MEERBEEK, PERDIGÃO, GLADYS, BRAEM, VANHERLE 1996). Theorien existieren, dass das wet–bonding–Vorgehen den Kollaps der Kollagenfasern auf der geätzten und deminieralisierten Oberfläche verhindert (Bild 38, S. 69; Bild 41, S. 71; Bild 39, S. 69).

Im REM stellen sich total–etch– und wet–bonding–Verfahren einheitlich dar: eine Komposit–Dentin–Hybridschicht schickt Kunststoffzapfen in Dentintubuli. Die Hybridschicht ist 3 bis 4 μm stark. FRÖHLICH, SCHNEIDER und MERTE geben für Syntac eine Hybridschichtdicke von 1,8 +/- 0,5 μm, für Prime&Bond 2.0 3,9 +/- 1,1 μm an. Die Zottenlänge betrug bei diesen

Adhäsion - Total etch/Wet Bonding

Aus der Hybridschicht dringen Kunststoffzapfen (Tags) in die Tiefe der Dentintubuli. Dargestellt ist ein Kunststoffreplika einer Dentinprobe (Säureätzung, Prime&Bond NT). 38

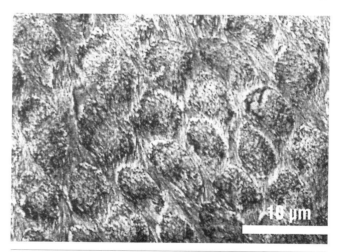

Im Schmelz findet sich das typische Retentionsmuster nach Behandlung mit 35%iger Phosphorsäure. (peripherer Ätztyp); dieses REM entstand jedoch nach adäquater Ätzung mit NRC (vgl. „Non–Rinse–Conditioner (NRC)" auf Seite 184). 39

Adhäsiven 1,4 +/- 0,2 µm bzw. 15,9 +/- 4,6 µm. Die gesamte Adhäsivschichtdicke war 21,7 (+/- 4,4) bzw. 12,6 (+/- 6,4) µm. Die Adhäsivschichtdicke war bei Compoglass SCA demgegenüber nur 2,0 (+/- 0,9) µm. Einkomponenten–Adhäsive scheinen die Oberfläche in geringerem Masse zu konditionieren: die Zahl der tags ist geringer. Ausserdem weisen Präparate wie Prime&Bond 2.0 und Scotchbond Multi–Purpose mit Dentinätzung einen Spalt zwischen Dentin und Hybridschicht auf, wobei aber Untersuchungsartefakte diskutiert werden. Vielleicht spielt aber auch der durch die durch Ätzung erweiterten Dentinkanälchen erhöhte Flüssigkeitsstrom eine Rolle. SCHALLER (1993) wies für schwächere Säuren eine geringere Dentinpermeabilität nach.

Die Tubuli–Tags tragen zur Haftkraft aufgrund des ungenügenden Verbunds zu den Kanalwänden nur wenig bei (PRATI, 1990), wohl aber zur Versiegelung der Dentinwunde (LUTZ, 1991). Zusammenfassend scheinen die in–vitro–Ergebnisse den Dentaladhäsiven der vierten Generation gegenüber den Adhäsiven der fünften Generation (Einkomponenten–Materialien) Vorteile in dieser Hinsicht einzuräumen. Universaladhäsive weisen deutlich niedrigere Haftwerte auf als Adhäsive der vierten Generation bei Verwendung von total–etch– und wet–bonding–Technik – sie schneiden aber trotzdem besser ab als zum Beispiel Syntac mit Pertac–Hybrid in früheren Studien (Bild 40, S. 71; Bild 41, S. 71; Bild 43, S. 72).

Ätzung

Wichtig erscheint die Aussage von FRANKENBERGER, dass die Ätzung der Kavitätenoberfläche bei Prime&Bond bedenkenlos weggelassen werden kann. Gegenüber der Ätzung mit 32–

37%iger Phosphorsäure scheint die reine Konditionierung mit 10%iger Maleinsäure (zum Beispiel Scotchbond Multi–Purpose) eher nachteilig zu sein. Erst die Kombination von

Adhäsion - Ätzung

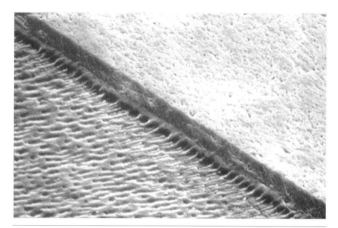

Verbund des Adhäsivsystems zum Substrat (Prime&Bond 2.0) 40

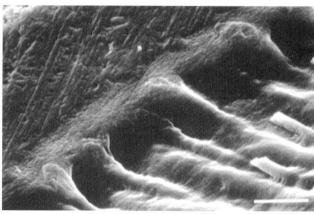

Detailaufnahme: die Kunststoffzotten münden in die Hybridzone 41

Maleinsäure mit Itaconsäure scheint im Rahmen des „non–rinse–Conditioning" (NRC) Vorteile zu bringen (siehe „Non–Rinse–Conditioner (NRC)" auf Seite 184). Die besseren Werte für Dyract nach

Adhäsion - Ätzung

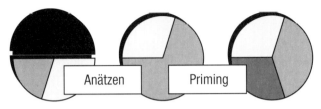

Dentin als Haftungssubstrat.					
Hydroxylapatit–Anteil	50	Anätzen	0	Priming	0
Kollagen–Anteil	30		30		30
Wasseranteil	20		70		40
Harzanteil					30–70

In der Grenzschicht zwischen Dentin und Kompomer ändern sich bei der Konditionierung die Mengenverhältnisse zwischen den beteiligten Komponenten. 43

90tägiger Wasserlagerung erklärt FRANKENBERGER mit dem Expansionsverhalten der Kompomere (hygroskopische Expansion). Auch NEO, YAP, LIM und CHAN prüften die Dentin– und Schmelzanbindung von Dyract ohne bzw. mit 20 Sekunden Ätzung. Im Schmelzbereich hatten die Proben mit und ohne Ätzung ähnlich gute Resultate, ebenfalls sogar die Gruppe ohne Verwendung des PSA. Die Dentinanbindung war bei allen Gruppen schlechter als die Schmelzhaftung, ohne PSA insgesamt am schlechtesten.

POWERS und YOU (1995) verglichen die Haftwerte von DYRACT/PSA, VARIGLASS/ Probond und TPH/PSA am Dentin. Dabei wurde die Zugfestigkeit geprüft mit und ohne vorherige Applikation des PENTA–haltigen Primer/Adhäsivs. Die Haftkräfte von Dyract, Variglass und TPH waren bei Verwendung von PENTA sehr viel höher als ohne, wobei die Anheftung an feuchtes Dentin eine bessere Haftung zur Folge hatte als die Anbindung an trockenes Dentin. Anätzen mit 10%iger Phosphorsäure brachte dagegen keine Verbesserung der

Adhäsion - Ätzung

Haftkräfte. In vitro konnten im Versuch Haftkräfte von 19–24 MPa erreicht werden.

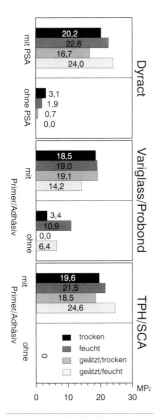

Vergleich der Haftkräfte diverser Adhäsivrestaurationssystem mit bzw. ohne Anwendung des Primer/Adhäsivs. 44

Die Ausbildung des typischen Netzwerks wie auch die Penetration von tags in die Oberfläche ist im sklerosierten Dentin aufgrund regionaler Hypermineralisation deutlich erschwert. So sinkt anscheinend der klinische Erfolg einer Zahnhals–Füllungstherapie mit steigendem Alter der Patienen, d.h. zunehmender Dentinsklerosierung. An dieser Stelle sei darauf hingewiesen, dass die Auswahl der Testzähne bei in–vitro– wie auch in–vivo–Untersuchungen aufgrund der individuellen Sklerosierung der Oberfläche deutlichen Einfluss auf die ermittelten Erfolgsraten haben kann. Die Ergebnisse von Untersuchungen an extrahierten Weisheitszähnen lassen sich nicht ohne Einschränkungen auf die Situation von Zahnhalsrestaurationen an sklerosierten Zähnen übertragen (Abb. 44, S. 73).

Die durch Phosphorsäureätzung freigelegte Kollagenschicht wird durch manche Konditionierungagentien geschädigt, unter anderem durch

Adhäsion - Laservorbehandlung

Natriumhypochlorit (NaOCl). Pioch, Kobaslija und Duschner (1998) stellten fest, daß die Haftfestigkeit von Kunststoffen (Pekafil/Gluma; Tetric/Syntac) durch die Konditionierung mit NaOCl deutlich vermindert wurde, wobei als Hauptursache das Fehlen von Hybridschichten ermittelt wurde. Auch Ernst, Post und Willershausen (1998) berichteten über die negativen Effekte von Kavitätendesinfektionsmaßnahmen mit H_2O_2 oder NaOCl und empfahlen die Verwendung von Chlorhexidin.

Laservorbehandlung

Die Frage, inwieweit eine Laservorbehandlung der Kavitäten (Klasse V) die Retention des Füllungsmaterials bzw. die Entwicklung von Randspalten beeinflusst, untersuchten Klöpfer, Mehl, Kremers und Hickel (1996) mit einem Vergleich von Restaurationen ohne und mit ND:YAG–Lasern (Sunlase 800, Sunrise Technologies) und Er:YAG (Key II, KaVo). Dazu wurden 160 frisch extrahierte Molaren mit standardisierten Cl.–V–Kavitäten versehen und im Dentinbereich mit dem entsprechenden Laserlicht bestrahlt. Die Kavitäten wurde mit den Systemen Tetric/Syntac, TPH Spectrum/Prime&Bond, Compoglass/SCA und Dyract/PSA gefüllt. Nach Finishing und Thermocyclingverfahren wurde eine quantitative Randanalyse des Dentin/Füllungsverbunds mit dem SEM durchgeführt. Gegenüber den Vergleichswerten (Anteil an Randspalten: Tetric 2,4%; TPH 5,1%; Compoglass 4,1%; Dyract 3,7%) lagen die Werte nach Laservorbehandlung deutlich höher (Tetric 10,4–19,3%; TPH 8,5 – 19,9%; Dyract 5,9–9,8%; Compoglass 6,6 – 7,2%). Mehl, Kremers, Nerlinger und Hikkel (1996) führten eine ähnliche Untersuchung durch, wobei sich ebenfalls ergab, dass für alle getesteten Komposit– und Kompomermaterialien eine Laservorbehandlung die Scherhaftfestigkeit am Dentin nicht erhöhte. Der Einsatz von Laser in dieser Indikation ist nicht empfehlenswert (Bach, Gutknecht, Schneider, 1998). Dies wurde in Bezug auf bleibende Zähne auch bei Untersuchungen von STIESCH-SCHOLZ und HANNIG (1998) bestätigt: die Anwendung von Er:YAG-Lasern führt an permanenten Zähnen aufgrund von Schmelzrissen zur Verschlechterung von Randqualität von Kompomerfüllungen aus Dyract AP. Zur weiteren Informationen sei auf das im Apollonia Verlag erschienene Buch verwiesen.

Eine Studiengruppe um OTTO und HANNIG (1995) untersuchte den Einfluss marginaler Spalten bei der Karies–Entstehung in vitro an Glasionomer- und Komposit–Restaurationen. Mittels eines 30 μm dicken Matrizenbands wurde ein künstlicher Randspalt erzeugt. Die Proben wurden mit einer 3–Tage–Plaque Schicht inkubiert und mit 0,1 M Zucker– und Speichellösung über 14 Tage benetzt. Der Grad der Demineralisation wurde mikroradiographisch erfasst. Eine Kariesbildung konnte in diesem Versuch um alle Restaurationen herum in einer 1mm breiten Schmelzzone gefunden werden. Jedoch unterschieden sich die Entkalkungen hinsichtlich der Tiefe und des Musters der Demineralisation. Insgesamt war die Demineralisation am geringsten bei Fuji II LC, gefolgt von Ketac Fil, Photac Fil, Dyract und Herculite. Besonders die Glasionomerzemente waren demzufolge geeignet, die Karies–Bildung stark einzuengen.

Künstlicher Randspalt

An extraktionswürdigen Prämolaren untersuchten VICHI, FERRARI, DAVIDSON (1996) die Kombination verschiedener Kompomere mit diversen Haftsystemen. Die mit einer standardisierten Klasse–V–Kavität versehenen Zähne wurden 2 Monate einer klinischen Belastung ausgesetzt und nach Extraktion einer lichtmikroskopischen Randspaltanalyse im Rahmen eines Farbpenetrationstest unterzogen. Dabei schnitten im Schmelz die Kombination von Dyract mit Prime&Bond 2.0 und die Kombination von Compoglass, Säureätzung und SCA signifikant besser ab

In–vivo–Randspalt

als Dyract mit PSA bzw. Compoglass mit SCA. Im Dentin konnten keine statistisch signifikanten Differenzen festgestellt werden.

8 Fluorid–Verhalten

Die Fluoridabgabe von Glasionomerzementen und Kompomeren steht im engen Zusammenhang mit dem Vorhandensein einer teilweisen ionischen organischen Matrix. Die Fluoridfreisetzung ist von Bedeutung, da Füllungsmaterialien, die Fluoride freisetzen, eine geringere Inzidenz und Ausprägung von Sekundärkaries im Füllungsrandbereich als Materialien ohne Fluoridfreisetzung aufweisen (HICKS, FLAITZ, SILVERSTONE, 1986; MJÖR, JOKSTAD, 1993; SVANBERG, 1992).

Das im Dyract–Kompomer integrierte Füllstoffsystem (Strontium–Aluminium–Fluoro–Silikatglas) besitzt 13 Gew.% Fluoridionen und ist damit besonders geeignet, eine langfristige Fluoridabgabe sicherzustellen (GRÜTZNER, 1996). Andere Kompomer–Materialien weisen gleich hohe bzw. höhere Fluoridanteile auf. Jedoch ist der Gehalt an Fluorid keine Garantie für einen antikariogenen Effekt – vielmehr ist die Freisetzung und klinische Verfügbarkeit des Fluorids der entscheidende Parameter (Abb. 45, S. 78).

Die verstärkte Fluorid–Freisetzung ist auch einer der Gründe für einen verstärkten Einsatz zahnschonender Präparationsmethoden wie zum Beispiel der Tunnelpräparation. Das Risiko, Karies zu belassen, steigt in diesen schlechter einsehbaren Kavitäten deutlich an. Zudem wird oft bewusst demineralisierter Schmelz belassen. Ein solches Vorgehen mag dann zu rechtfertigen sein, wenn die Kavität mit einem fluoridfreisetzenden Material gefüllt wird (FORSTEN, 1994).

Bei ersten Untersuchungen (CRA NEWSLETTER 1995) ergab sich eine sehr zufriedenstellende Fluoridfreisetzung über 37 Wochen; zwar ist die eigentliche protektive Wirkung bisher nur eine Hypothese, erste klinische Stu-

Fluoridhaltiges Füllstoffsystem

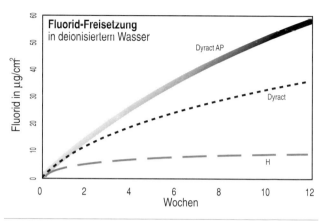

Fluoridfreisetzung von Dyract, Dyract AP und dem Kompomer H in deionisiertem Wasser über einem Zeitraum von 12 Wochen. 45

dien bestätigten die positive Annahme jedoch (TYAS, 1991). Die Fluoridfreisetzung der Kompomere scheint die Grössenordnung von herkömmlichen Glasionomerzementen zumindest zu erreichen (MITRA, 1991). ABOUSH (1995) verglich in einer Laboruntersuchung die Fluoridfreisetzung von fluoridhaltigen Restaurationsmaterialien. Über einen Zeitraum von mehr als einem Jahr wurde die Freisetzung durch einen digitalen Ionenanalyzer (Orion 901) bestimmt (86 Messwertbestimmungen) und statistisch ausgewertet. Dabei setzten die lichthärtenden Glasionomerzemente Fuji–II LC, Photac Fil und Vitremer mehr Fluorid frei als das chemisch härtende Fuji–Cap II oder Dyract. Ähnliches ermittelten TORABZADEH, ABOUSH und LEE (1994) (Abb. 47, S. 79).

Experimentelles Design In den meisten Untersuchungen wird dem Umstand Rechnung getragen, dass das freigesetzte Fluorid aus dem lokalen Milieu ausgeschwemmt wird. In vitro wird die Lösung, in das das Fluorid freigesetzt wird, regel-

Fluorid–Verhalten - Experimentelles Design

Materialtyp	Material	Fluoridfreisetzung (1 Tag)	Fluoridfreisetzung (96 Wochen, kum.)
Lichth. Glasionomer	Fuji II LC	16,96+/-0,73	129,40+/-8,31
	Photac Fil	44,68+/-2,80	229,09+/-16,18
	Vitremer	38,65+/-5,66	194,58+/-18,58
Chemischh. GIZ	ChemFil	29,08+/-2,99	111,79+/-14,46
Kompomer	Dyract	5,68+/-1,17	86,35+/-6,52
F–freisetzendes Komposit	Tetric	0,45+/-0,12	9,20+/-1,13

Fluoridfreistellung div. Restaurationsmaterialien in µg F$^-$/cm^2 (GLOCKMANN, 1995)   46

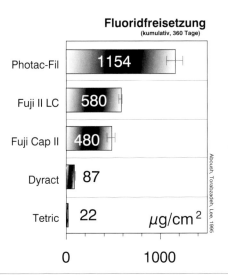

Fluoridfreisetzung von Kompomer, Komposit und Glasionomer im Vergleich (ABOUSH, 1995).   47

mässig gewechselt. Andere Autoren (FORSTEN, 1994) gehen sogar soweit und setzen das zu testende Material einem kontinuierlichen Wasserfluss aus. Bei Glasionomerzementen und auch Kompomeren ergab sich in die-

Fluorid–Verhalten - Experimentelles Design

sen Versuchen ein initialer Peak, der stark nachliess und in eine niedrige, aber kontinuierliche Freisetzung mündete (YIP, 1995). Auf diesem Niveau ist eine Freisetzung über mehr als fünf Jahre nachgewiesen (FORSTEN, 1993).

DAVIES, PEARSON, ANSTICE und MORONFOLU (1995) verglichen ebenfalls zwei modifizierte GIZ (Vitremer und Fuji II LC) mit zwei Kompomeren (Variglass und Dyract). In destilliertem Wasser setzte Fuji II LC das meiste Fluorid frei (Überwachungszeitraum min. 6 Monate), gefolgt von Vitremer. Die Freisetzung von Dyract und Variglass war minimal. Fuji II LC zeigte auch die grösste Fluoridabsorption. Dyract zeigt die geringste Veränderung im Gesamtgewicht der Probe. In künstlichem Speichel relativierten sich die Unterschiede der Materialien jedoch deutlich.

GARNELI, BUBB, DUNNE, SCHEER und WOOD führten ein ähnliches in–vitro–Experiment durch. Sie ermittelten eine mitt-lere arithmetische kumulative Fluoridfreisetzung nach einer bzw. acht Wochen von 0,06/0,34 (Dyract), 1,10/2,47 (Fuji II LC), 1,56/3,18 (Vitremer) und 1,93/3,06 $\mu mol/mm^2$ (Chemfil Superior).

ATTIN, KIELBASSA, PLOGMANN und HELLWIG (1996) gingen bei ihren Untersuchungen einen Schritt weiter und fragten nicht nur nach der Fluoridfreisetzung, sondern auch nach der Abhängigkeit des Umgebungsmilieus auf diese Freisetzung. Dazu wurden Prüfkörper von Dyract, Compoglass und Vivaglass Base (konventioneller Glasionomerzement) für 28 Tage in einer sauren bzw. neutralen Pufferlösung gelagert. Der Fluoridgehalt der Lösungen (Neuansatz in bestimmten Zeitabständen) wurde mit einer ionenselektiven Fluoridelektrode bestimmt. Die kumulierte Gesamtfluoridfreisetzung war bei den Kompomeren im sauren Milieu höher als beim konventionellen Glasionomerzement. Dyract und Vivaglass Base wiesen dabei im neutralen Milieu eine fast gleichhohe, jedoch signifikant niedrigere Fluoridfreisetzung als Compoglass auf; im sauren Milieu war die Fluoridfreisetzung beider Kompomere höher als die des konventionellen Glasionomerzements, der kaum durch den pH–Wert des Umgebungsmilieus beeinflusst schien. Jedoch müssen klinische Untersuchungen folgen, die sich mit den Auswirkungen dieser höheren Freisetzung beschäftigen. Als Ursache der höheren Fluoridfreisetzung bei niedrigerem pH geben die Autoren eine mögliche chemische Degradation der fluoridhaltigen Resinmatrix und gleichzeitige Auflösungserscheinungen an den Oberfläche der fluoridhaltigen Gläser – unter Umständen mit begleitender Zerstörung von Silanverbindungen und verstärkter Glaspartikel–Freisetzung – an. Neben dem ursprünglichen Fluoridgehalt (Dyract 10,2 Gew%, Compoglass 12,54 Gew%, Vivaglass Base 8,40 – 11,2 Gew%) scheint auch die Füllkörpergrösse eine Rolle zu spielen. So ging die Verkleinerung des Füllkörpers bei Dyract AP gegenüber Dyract mit einer Erhöhung der Fluoridfreisetzung von 31,8 µg/cm^2 auf 49,1 µg/cm^2 (nach 12 Wochen) einher. Die Fluoridfreisetzung ist während der ersten vier Tage signifikant grösser als während der späteren Periode.

Auch FORSTEN hatte 1995 über dieses Verhalten referiert. Er führte die verstärkte Freisetzung von Fluorid (aus Glasionomerzementen) bei niedrigerem pH auf verstärkte Auflösungserscheinungen des Materials zurück.

Die Menge des freigesetzten Fluorids ist primär abhängig von der Grösse der Oberfläche. STASSINAKIS, GUJER, HUGO und HOTZ (1996) untersuchten in diesem Zusammenhang konventionelle Glasionomerzemente (Ketac–Fil, Chem–Fil), Kunststoffmodifizierte Glasionomere (Photac–Fil, Fuji–II–LC und Vitremer) und Kompomere (Dyract, Compoglass). Quader– und kugelförmige Probenkörper wurden hergestellt (gleiche Volumina, unterschiedliche Oberflächen) und die Fluoridfreisetzung im Eluat nach 2,3,6,9,15,17,51 und 99 Tagen bestimmt. In einer weiteren Versuchsreihe wurde auch der Einfluss der Trocknungszeit der Proben ermittelt (Abb. 48, S. 83).

Die kunststoffmodifizierten Glasionomerzemente setzten allgemein mehr Fluorid frei als die traditionellen Glasionomerzemente; beide Gruppen übertrafen deutlich die Gruppe der Kompomere. Die Trocknungszeit hatte bei den Kompomeren keinen Einfluss auf die Fluoridfreisetzung, einen mässigen bei den kunststoffmodifizierten Glasionomerzementen und einen starken (negativ korrelierenden) Effekt bei den Glasionomerzementen. Die höchste Fluoridabgabe war im allgemeinen in den ersten 24 Stunden festzustellen, die stärkste Reduktion am Tage darauf. Danach nahm die Fluoridfreisetzung koninuierlich bis zum Versuchsende ab (Abb. 49, S. 84).

Fluoridaufnahme

Glasionomerzementen wird nachgesagt, sich mit Fluorid aus der Umgebung wieder aufzuladen (DAIZ–ARNOLD, HOLMES, WISTROM, SWIFT 1995; HATIBOVIC–KOFMAN und KOCH 1991; FORSTEN 1991). Die Balance zwischen initialer Fluoridfreisetzung und Fluoridaufnahme von Glasionomerzementen war Gegenstand einer Untersuchung von DE WITTE, VERBEECK und MARTENS (1996). Dabei wurde die kritische Fluoridkonzentration einer wässrigen Lösung bestimmt, bei der Fluoridaufnahme und –abgabe balanciert waren. Diese lag für Chelon Fil und Ketac Fil bei etwa 0,58 mmol/L, für Photac Fil und Vitremer bei 0,35 mmol/L und für Dyract bei 0,33 mmol/L. Die Fluorid–Freisetzungstendenz der herkömmlichen Glasionomerzemente scheint also durch Kunststoffkomponenten verringert zu werden.

Die Fluoridbindungs– und –freisetzungskapazität untersuchte auch FORSTEN in mehreren Versuchsreihen

Plaque
Prophylaxe und Therapie

BIBLIOGRAFIE:

Plaque - Prophylaxe und Therapie
Henry Schneider et al.
Apollonia Verlag 1998 • 1. Auflage
ISBN 3-928588-17-6
Empf. Verkaufspreis 129,- DM
Empfohlen von der International Health Care Foundation (I.H. C.F.)

"Risikoorientierte Prävention und kausale Therapie bestimmen das über die Jahrtausendwende hinausreichende zahnärztliche Tätigkeitsprofil grundsätzlich neu. Im Rahmen eines Gemeinschaftsprojekts der I.H.C.F., der Universität Leipzig und des Apollonia Verlags kommen in dieser **hochaktuellen Veröffentlichung** bekannte Experten zum Thema Plaque zu Wort. Mikrobiologische Aspekte, Prophylaxe-Untersuchungen, Plaque- und Speicheltests und moderne Organisation des **Karies- und Parodontitis-Risikomanagement**s sind die einige Themen dieser Veröffentlichung. Im Zentrum steht die Plaque: welche Möglichkeiten gibt es zur Kontrolle, welche sind (aus epidemiologischer Sicht) sinnvoll? Was bringt der Einsatz von **Chlorhexidin-** und **Fluoridlacke**n? Welche Mittel stehen dem Zahnarzt zur Verfügung, um das zukünftige Kariesgeschehen vorhersagen zu können? Dieses Buch spiegelt den aktuellen Stand der Wissenschaft aus Sicht

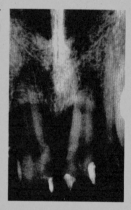

von 26 europäischen und amerikanischen Wissenschaftlern wider, wobei die Federführung beim bekannten Fachbuchautor Dr. Henry Schneider (Deutschland) lag. Damit ist eine praxisnahe Umsetzung der aktuellen Thematik gewährleistet. Als Zusatzkapitel zu den hervorragenden wissenschaftlichen Referaten der zahlreichen Professoren und Dozenten wurde eine hochaktuelle Darstellung der Relevanz und Praxisintegration von **Speicheltests** aus der Sicht des niedergelassenen Zahnmediziners in das Buch integriert. Das aufwendig bebilderte und hervorragend gestaltete Werk mit fast **300 Seiten geballter Information** ist jedem dringend empfohlen, der sich mit dem Thema Prophylaxe beschäftigt."

DIE AUTOREN: Heinrich-Weltzien, Kneist, Tietze, Fischer, Stößer, Bratthall, Billings, Moss, Foster, Lynch, Twetman, Petersson, Hildebrandt, Splieth, Batka, Merte, Schütz, Mombelli, Zimmer, Müller, Sorsa, Noack, Eschrich, Furcht, Rottschäfe, Laurisch, Schneider

Zahnhals
Der
locus minoris
resistentiae

BIBLIOGRAFIE:
Der Zahnhals
Henry Schneider (Hrsg.)
Apollonia Verlag
1. Auflage 1998
ISBN 3-928588-16-8
Empf. Verkaufspreis: 89,- DM

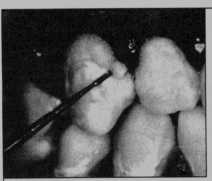

Zu dieser Veröffentlichung – gefördert von der I.H.C.F. (International Health Care Foundation) und der Poliklinik für Zahnerhaltung Tübingen – haben namhafte Experten aus dem In- und Ausland wichtige Erkenntnisse zum Thema der Zahnhals-Erkrankungen beigetragen. Die Ursachen der verschiedenen Krankheitsbilder werden aufgezeigt, Problemlösungen präsentiert. Diese Veröffentlichung wendet sich sowohl an den wissenschaftlich interessierten Zahnmediziner als auch an den engagierten Praktiker und präsentiert neueste Forschungsergebnisse von Wissenschaftlern aus Europa und den USA.

Aus der Rezension von Dr. Volker Scholz, Lindau (CEO):

Konsequenterweise spannt sich der Bogen über die im Buch enthaltenen dreizehn Referate von der Ätiologie (Erscheinungsformen, parodontale Aspekte und prognostische Methoden zur Bewertung; traumatische Ursachen durch falsche Bürsttechnik und Okklusion, Erosion - Armitage, San Francisco; Löst, Tübingen; Meyer, Greifswald; Lussi, Bern) zu präventiven und therapeutischen Möglichkeiten, dem präventiven Management der Wurzelkaries (Birkhed, Göteborg; Billings, Rochester), empfehlenswerten Zahnpasten (Zimmer, Berlin), Sensibilitätstherapie (Ciancio, Buffalo), der Mikrobiologie in der Plaque am Zahnhals und den Chance der antimikrobiellen Therapie (Weiger, Tübingen; Lynch, London; Schlagenhauf, Tübingen) der parodontal-chirurgischen Defektdeckung (Flemmig, Würzburg) bis zu modernen restaurativen Rekonstruktionsmöglichkeiten und deren Sinnhaftigkeit (Hahn, Tübingen).

Jeder Praktiker weiss um die Komplexität der karologischen und parodontalen Zusammenhänge am Zahnhals als "locus minoris resistentiae" und wird in seiner täglichen Arbeit gefordert. Demzufolge wird er ein komprimiertes Buch mit aussagekräftiger Bebilderung schätzen, das ihm durch führende Wissenschaftlicher aus fünf Ländern klar sagt, wie nach heutiger Erkenntnis zu verfahren ist. Schon allein die Hinweise, welche parodontologischen Tests sinnvoll sind und welche nicht (Armitage), wann Kariesaktivitätstest einzusetzen und wie zu interpretieren sind (Birkhed), ob und wenn ja, wie Läsionen am Zahnhals zu restaurieren sind (Lynch, Hahn) sparen dem Leser eine Reihe von Fehlinvestitionen und kostbare Behandlungszeit. Fazit: für den praktizierenden Zahnarzt, der verwertbaren wissenschaftlichen Rat sucht, ein sehr lesbares und lesenswertes Buch!

Fluorid–Verhalten - Fluoridaufnahme

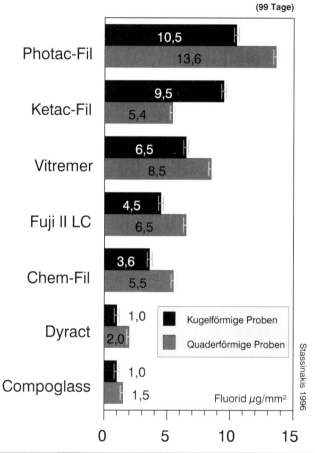

Kumulative Fluoridfreisetzung (µg/mm³) der verschiedenen Materialien und Probengeometrien über einen Zeitraum von 99 Tagen.

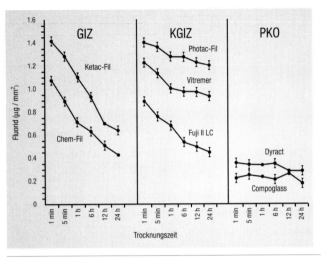

Fluoridabgabe nach verschiedenen Trocknungszeiten in den ersten drei Tagen. GIZ: konventionelle Glasionemerzemente, KGIZ: Kunststoffmodifizierte Glasionomerzemente, PKO: Polysäuremodifizierte Komposite (Compomere)

(1995). Nach Behandlung von Proben diverser Glasionomer– und Komposit–Materialien mit einer 50ppm– Fluoridlösung zeigten die Proben eine annähernde Verdopplung der Fluoridfreisetzung. Ein weiterer Versuch ergab, dass sogar gealterte Proben (Lagerungsdauer über 5 Jahre) ihre Fluoridbindungskapazität noch nicht verloren hatten.

Die Fluoridfreisetzung diverser Füllungsmaterialien wurde auch von REICH, JÄGER, NETUSCHIL (1996) untersucht und folgendermassen eingeordnet: Photac Fil (25 ppm)>Ketac Fil (12 ppm)>Fuji II (9 ppm) > Compoglass (4 ppm)> Ketac silver (4 ppm)> Dyract (1,2 ppm)> Tetric (0,3 ppm)> Pertac (0,2 ppm). Die Touchierung mit hochkonzentrierten Fluoridpasten brachten eine erneute

Füllung des Fluoridreservoirs, wobei die Applikation von Duraphat (22600 ppm F–) besonders effektiv war.

Von MAYER (1995) wurde der Einfluss plastischer Füllungsmaterialien auf Demineralisationsverhalten von Zahnschmelz untersucht. Dazu wurden die Versuchszähne mit Füllungen entsprechend den Herstellerangaben versorgt und zur Erzeugung einer Schmelzdemineralisation in sythetischem Speichel mit einem pH–Wert von 4,8 für 14 Tage gelagert. Die Schliffpräparate der aufbereiteten Zähne wurden lichtmikroskopisch untersucht. Dabei waren bei den chemisch härtenden Glasionomerzementen keinerlei Schmelzdemineralisationen am Kavitätenrand feststellbar; bei Amalgam– und Kompositfüllungen reichte die Entmineralisationszone bis zum Füllungsrand. Bei Kompomeren trat eine Schmelzdemineralisation im Bereich der Kavitätenränder nicht oder in geringerem Masse auf als in füllungsfernen Schmelzarealen. Im Gegensatz zu Amalgam und Komposit lässt sich also bei konventionellen Glasionomerzementen und Komposit–Glasionomerzement–Kombinationen eine Demineralisationshemmung nachweisen.

Auch DIONYSOPOULOS, KOTSANOS, PAPADOYIANNIS und KONSTANTINIDIS (1996) beschäftigten sich mit der Bildung artifizieller Karies um fluoridhaltige Restaurationsmaterialien herum. Dazu wurden Testzähne mit Füllungen versehen und für 12 Wochen einer kariesserzeugenden Umgebung ausgesetzt. Unter milden kariogenen Bedingungen waren statistisch signifikante Unterschiede im Schmelz– (E) und im Dentinbereich (D) sowohl bei Fuji II LC (E: 54 µm, D: 188 µm), bei Vitremer (E: 80 µm, D: 124 µm) als auch bei Dyract (E: 120 µm, D: 164 µm) gegenüber Silux (E: 182 µm, D: 362 µm) zu erkennen.

Einfluss auf Demineralisationen

Einfluss auf Bakterienwachstum

Der kariostatische Effekt fluoridhaltiger Materialien beruht nicht nur auf einer komplexen Veränderung der Zahnhartsubstanz bzw. des vorgelagerten Milieus, sondern unter Umständen auch auf der Hemmung von Bakterienwachstum und der Veränderung der Bakterienadhäsion an der Füllungsoberfläche. Streptococcus mutans wurde klinisch von Glasionomerzementen gehemmt (Forsten, 1993). Die ersten Beobachtungen in dieser Hinsicht wurden im Zusammenhang mit der deutlichen verminderten Inzidenz von Sekundärkaries nach Verlusten von Silikatfüllungen im Vergleich zu Amalgamfüllungen gemacht (Forsten, 1994).

Friedl, Schmalz, Hiller und Shams untersuchten in diesem Zusammenhang nicht nur die Fluoridfreisetzung diverser Materialien, sondern auch die Wirkung der gewonnenen Eluate auf Streptococcus–mutans–Kolonien. Die Fluoridfreisetzung der getesteten Materialien (Vitremer, Fuji–II–LC, Dyract, Photac–Fil, Ketac–Fil und Ketac–Silver) sank rapide von Werten zwischen 6,2 und 29,3 ppm (nach 48 h) auf Werte zwischen 0,6 und 1,7 ppm nach 180 Tagen. Jedes Eluat verursachte aber eine Reduzierung des Bakterienwachstums zu jeder Zeit. Diese sank jedoch in ähnlichem Masse wie die Fluoridfreisetzung. Nach 48 h waren zwischen 71,7 und 85,6% (verglichen mit den Kontrollkolonien) Wachstum zu verzeichnen; nach 180 Tagen lag die Kolonisierung zwischen 94,7 und 99,0%.

9 Verschleiss und Ermüdung

9.1. Grundsätzliche Betrachtungen

Verschleiss ist ein gradueller Substanzverlust an der Oberfläche eines Körpers als Folge chemischer oder physikalischer Einwirkungen (DAVIDSON, DE GEE 1996). Man unterscheidet verschiedene Formen des Verschleisses, wobei in vivo sicherlich alle Mechanismen nebeneinander auftreten werden.

Abrasiver Verschleiss findet statt, wenn eine harte Oberfläche gegen eine weiche reibt. Gräbt der härtere Körper Furchen in den weicheren, so treten typische Merkmale des Zweikörper–Abrasionsverschleisses auf. Die Reibung spielt bei diesem Verschleissverhalten eine wichtige Rolle (Abb. 50, S. 87).

Ermüdungsverschleiss ist eine Folge periodischer und häufiger Überbeanspruchung der Oberfläche über die Elastizitätsgrenze hinaus. Bei brüchigen Materialien tritt häufig eine Rissbildung auf, da unter der Oberfläche stärkere Verformungskräfte wirksam werden. Durch die Risse werden Spannungen abgebaut, so dass es

Verschleiss: Definition

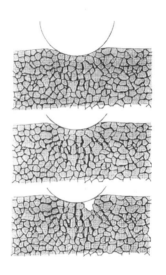

Schematische Darstellung der verschiedenen aufeinanderfolgenden Beschädigungsstadien eines Materials bei statischer Belastung in direktem Kontakt (DAVIDSON, 1996).   50

erst mit einer Verzögerung („Inkubationszeit") zur Desintegration der Oberfläche kommt. Diese ist dann jedoch stärker ausgeprägt.

Adhäsiver Verschleiss tritt auf, wenn sich zwei gegenüberliegende Fläche nur in einigen wenigen, isolierten Punkten berühren; der Druck an diesen Punkten ist jedoch extrem hoch, so dass eine Art Verschweissung der Oberfläche bewirkt wird. Werden die Körper wieder auseinanderbewegt, so können Oberflächenteile mitgerissen werden.

Korrosiver Verschleiss tritt auf, wenn das Umfeld eine Oberfläche chemisch beeinträchtigt. An oder unter der Oberfläche entstehen Verbindungen mit schlechteren Werkstoffeigenschaften und oftmals geringerer Kohärenz.

Interaktion Material/Verschleiss

Die Frage, welche Verschleissmechanismen Komposits und Kompomere aufweisen, ist in starker Abhängigkeit von der Zusammensetzung der Materialien zu sehen. Die Komposit–Matrix ist in der Regel schwach und weich, so dass sie Belastungen durch starke und harte Antagonisten kaum toleriert. Korrosiver Verschleiss ist bei Komposits und Kompomeren wahrscheinlich, da Verschleisserscheinungen nicht nur an lastaufnehmenden Stellen beobachtet werden. Ein Zusammentreffen von chemischen und mechanischen Belastungen ist wahrscheinlich besonders fatal.

Die Komposit–Füllkörper bestehen in der Regel aus hartem bzw. sehr harten Materialien. Der Füllstoffanteil korreliert mit der Festigkeit des Komposits, dem Elastizitätsmodul und der Härte, erhöht aber auch die Brüchigkeit. Füllstoffe in Kompomeren und Glasionomerzementen sind in der Regel weniger resistent als Füllstoffe in Komposit–Systemenen, da sie durch Polyacrylsäure anlösbar sein müssen.

Die Verbindungszone zwischen Füllkörpern und Matrix, die sogenannte Verbundphase, gilt als typische Schwachstelle des Systems. Aggressive Chemikalien, aber auch Wasser, hat zerstörerischen Einfluss auf die Verbundphase, zum Beispiel die Silanbindungen (DAVIDSON, DE GEE, 1996).

Ein rauher Antagonist intensiviert in der Regel den Verschleiss des Gegenzahnes. Der Verschleiss ist auch proportional zur Ausdehnung der Restauration und umgekehrt proportional zum erreichten Abnutzungsgrad. Im okklusalen Kontaktpunktbereich liegt der Schmelzverschleiss bei etwa 50 µm in 4 Jahren, im Vergleich dazu berichtet KREJCI von einem Substanzverlust bei Amalgamfüllungen von etwa 218 µm.

Bei Nahrungsaufnahme treten zuerst Kräfte auf, die primär in Abhängigkeit von Art und Eigenschaften der Nahrung (Fliessvermögen, Scherverhalten) stehen. Bei weiterem Fortschreiten des Kauakts, also bei fortschreitender Zerkleinerung der Nahrung nimmt diese eher die Charakteristik einer zähen Flüssigkeit an und gleicht einem Gleitmittel. Die höchste Zerkleinerungswirkung wird durch eine Bewegung der okklusalen Strukturen in einem bestimmten Winkel zueinander erreicht, da dort Druck und Scherbelastung maximal einwirken können.

Okklusaler Verschleiss setzt sich wahrscheinlich aus drei Komponenten zusammen: in kontaktfreien Arealen (CFA) und okklusalen Kontaktbereichen (OCA) aus erosiver Aktivität; in okklusal belasteten Zonen aus Pin–on–disk–Phänomenen der Füllerpartikel im Mikrobereich; zudem aus

Klinische Erfahrungen

Oberflächenermüdung. Der Dreikörper–Abrasionstest hat sich für die Demastikation von Materialien im CFA–Bereich als sinnvoll erwiesen. Dagegen stimmt die Beschreibung des Abriebs im OCA–Bereich aufgrund zusätzlicher Einwirkung von Abrasion, Adhäsion und Tribochemie als reine Zweikörper–Abrasion nicht (KRÄMER, 1997).

Die Kautätigkeit macht einen Großteil des okklusalen Verschleisses aus, wobei Form, Geschwindigkeit und Kraft des Kauzyklus von Bedeutung sind. Kaukräfte bewegen sich im Bereich von 1 bis 15 Newton (DAVIDSON, ABDALLA, 1993). Bei der Abrasion (lat. *abrasio* – Auskratzen, Abkratzen) sollte jeder durch pathologische Einflüsse verstärkte Materialverlust im Bereich der Zähne Berücksichtigung finden. Dabei wirken viele Faktoren mit, unter anderem die Art der Nahrung, die Kontaktsituation, die Neigung zu Bruxismus und die Säureaufnahme. Starke Abrasionen sind heutzutage aufgrund der wenig abrasiven Kost der zivilisierten Länder nur bei Vorliegen abrasionsfördernder Faktoren (Granitsteinbrucharbeiten, Parafunktionen) zu finden. Gleichwohl ist die Bestimmung der Abrasion eines Materials von grosser Bedeutung für die klinische Langzeithaltbarkeit. Der relativ unpraktikablen in–vivo–Testung stehen in–vitro–Testmethoden gegenüber, die zwar standardisierbar sind, deren Ergebnisse aber nur sehr problematisch auf die tatsächliche Situation in vivo übertragen werden können (PELKA, FRANKENBERGER, SINDLINGER, PETSCHELT 1998).

9.2. Maschinelle Untersuchungen

Zur Testung der Verschleisseigenschaften von dentalen Materialien wird sehr häufig die sogenannte ACTA–Verschleissmaschine eingesetzt. Dabei wird der Linienkontakt zwischen den Rädern der Maschine

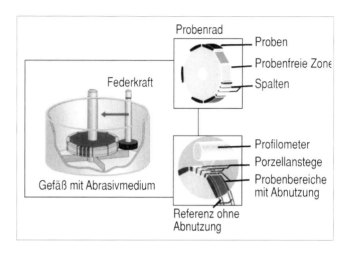

ACTA–Maschine nach DEE GEE: in einem Gefäss mit einem abrasiven Medium (z.B. Hirsebrei) dreht ein Probenrad, das mit Testmustern bestückt ist. Mittels eines Profilometers wird die Abnutzung der Proben nach einer festgelegten Anzahl an Prüfzyklen (Belastung über Federkraft) gegenüber unbelasteten Bereichen bestimmt. 51

mit 15 N belastet, wobei ein Kontaktdruck von annähernd 45 MPa bei 90 Prozent Schlüpfung erzeugt wird. Unter der Oberfläche entsteht eine entgegengesetzt wirkende Ermüdungsbelastung von nahezu 30 MPa etwa 20 μm (Abb. 51, S. 91). Die Ergebnisse der Untersuchungen mit der ACTA–Maschine haben eine hohe Korrelation mit klinischen Daten (FINGER, THIEMANN 1987). Im Standardversuch (Drei–Medien) wurden verschiedene Materialklassen hinsichtlich ihrer absoluten und relativen Abrasion von KRÄMER, PELKA, KAUTETZKY, SINDEL und PETSCHELT (1997) gegenübergestellt. Dabei wiesen alle untersuchten Materialien eine signifikant höhere Abrasion als Amalgam auf. Die getesteten Kompomere zeigten im REM eine ähnlich glatte Oberfläche wie das getestete Komposit (Arabesque).

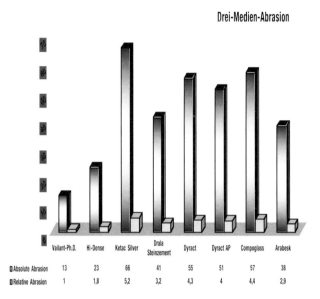

Drei–Medien–Abrasion diverser Werkstoffe (KRÄMER, 1997)   52

DAVIDSON und DE GEE (1996) weisen darauf hin, dass kunststoffmodifizierte Glasionomerzemente Ermüdungserscheinungen aufweisen, die sich wahrscheinlich aufgrund ihres relativ niedrigen Elastizitätsmoduls und der mittleren Biegefestigkeit ergeben. Biegung bei Reibungsbelastung zerstöre die von Natur aus weniger ausgeprägte Bindung zwischen Füllerpartikeln und Matrix; besonders im Zweikörperverschleißexperiment trete daher vorzeitiger Verschleiss auf. Nicht unterschätzt werden sollte im allgemeinen die Rolle der gewählten Versuchsbedingungen für das Ergebnis des Verschleisstests. Kleine Unterschiede zum Beispiel in der Dicke des Nahrungsfilms für oftmals zu widersprüchlichen Ergebnissen zwischen verschiedenen Untersuchungen.

Auch der pH–Wert spielt – insondere für die erosive Komponente – eine ganz wichtige Rolle.

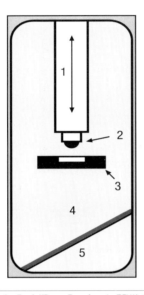

Schematische Kammer des Zwei–Körper–Experiments (PELKA**, 1996)**
1) Verkikalachse mit „Steatic antagonist mounted"; 2) Bewegung;
3)Probenhalterung; 4) elastische Basis und 5) Edelstahlbasis.

Der 3–Körper–Abrieb durch ein Abrasiv ist eine mögliche Untersuchungsmethode zur Bestimmung der Verschleissfestigkeit. Wird dabei ein relativ weiches Abrasiv wie zum Beispiel Hirsemedium verwendet, so wird der Verschleiss vorwiegend verursacht durch den Abrieb der Matrix eines Materials. Die Füllkörper ragen aus der Matrix heraus und gehen bei grösserem Matrix–Abrieb verloren. Einflussgebend sind dabei unter anderem der mittlere Abstand der Füllpartikel (und damit Grösse, Form, Verteilungsmuster, Menge) als auch die Stabilität der Matrix (BAYNE, TAYLOR,

HEYMANN 1992). Materialien, die aus einer Pulver–Flüssigkeitskombination bestehen, weisen in der Regel grössere Variationen der werkstofflichen Eigenschaften auf, da die Einhaltung des Mischungsverhältnisses schwieriger ist. Bei geringem Pulvergehalt reagieren beispielsweise bei Glasionomerzementen fast alle Glaspartikel vollständig; bei hohem Pulvergehalt nehmen dagegen nicht alle Glaspartikel an der Säure–Basen–Reaktion teil, so dass keine ausreichende Bindung innerhalb der Matrix gewährleistet ist (PHILLIPS, 1973). Bei den untersuchten Werkstoffen schnitten die Kapsel– bzw. Einkomponentenmaterialien mit verhältnismässig konstanten Werten ab, wobei Dyract die geringsten Abweichungen zeigte (BAUER, KUNZELMANN, HICKEL 1995). Daher kann von einer besonders konstanten Homogenität des Materials ausgegangen werden.

Auch KRÄMER, PELKA, KAUTETZKY, SINDEL und PETSCHELT beschäftigten sich mit der Abrasionsbeständigkeit von Füllungsmaterialien in der ACTA–Maschine. In Relation zum Amalgam (Valiant, 13 µm Höhenverlust) zeigten die Kompomere dabei eine etwa vierfach höhere Abrasion (Dyract 55 µm, Dyract HF 51 µm, Compoglass 57 µm). Bei den stopfbaren Glasionomerzementen wurden mit Hi–Dense die niedrigsten (23 µm) und mit Vivaglass base die höchsten (514 µm) Abrasionswerte festgestellt. Der Zweikörperabrasionstest führte bei der SEM–Untersuchung zu typischen Erscheinungen an den Glasionomerzementproben: grosse Glaspartikel (bis 25 µm) wurden unter Stress freigesetzt. Die Oberfläche der untersuchten Kompomere dagegen ähnelte der der Komposits: individuelle Füllerpartikel konnten nicht entdeckt werden (PELKA, EBERT, SCHNEIDER, KRÄMER, PETSCHELT 1995).

Zwei– und Dreikörperabrasionstests wurden von den Autoren gegenübergestellt. Klinische Untersuchungen bestätigen die im Vergleich zu Kompositen geringere Abrasionsstabilität (BLUNCK, 1996).

Material	2–Körper–Abrasionstest (Artificial mouth)	3–Körper–Abrasionstest (ACTA)
	Relative Abnutzung (Amalgam=1)	
Pertac	1.06	4,7
Heliomolar	1.32	3,2
Ketac silver	4,26	7,4
Ketac Fil	3,49	4,6
Chem–Fil superior	6,34	4,1
Unicap Fil	4,74	4,2
Aqua Ionofil	5,75	5,5
Photac Fil	13,86	11,1
Dyract	5,65	7,3
Amalgam (Valiant)	1	1

Materialabnutzungsrate im 2– und 3–Körpertest im Vergleich 54

Vordergründig wird die Verschlechterung der Qualität von Restaurationen oftmals unter klinischen Aspekten beschrieben, zum Beispiel in Form der „Chipping fractures" (Abspanungen; LAMBRECHTS, VANHERLE, 1983) oder der Abnutzung unter okklusaler Belastung im Antagonistenkontakt (BRAEM, 1986). Diese klinischen Aspekte sind möglicherweise nur unterschiedliche Folgen einer identischen Ursache: so entstehen auch bei okklusalen Druckbelastungen anscheinend Zugspannungen in den belasteten Regionen, obwohl primär Druckspannungen zu erwarten sind. Bei wiederholter Belastung kommt es vor allem in Arealen unterhalb der Oberfläche zu Ermüdungsrissen (REID 1990; WU 1984), die sich später in den beschriebenen klinischen Phänomenen äussern. Insofern sollten auch Restaurationen aus Materialien mit ungünstigem Ermüdungsverhalten

Ermüdungsverhalten

von Restaurationen in stressbelasteten Arealen unterschieden werden (Abb. 55, S. 96).

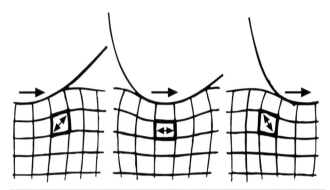

Beanspruchung eines Materials in direktem Kontakt mit einem Antagonisten, der von links nach rechts schleift. Die rechtwinkeligen finiten Elemente werden aufeinanderfolgend und entgegengesetzt auf extrem hohe Werte belastet, die zur Ermüdung des Materials führen. (DAVIDSON**, 1996)** 55

BRAEM, LAMBRECHTS, GLADYS und VANHERLE (1995) untersuchten das In–Vitro–Ermüdungsverhalten von Restaurationskompositen und Glasionomerzementen. Die untersuchten Materialproben wurden in einer Testmaschine mindestens 10000 Belastungszyklen unterworfen, um die prozentuale Abnahme der Bruchfestigkeit zu bestimmen. Dabei wurde alternativ auch der Einfluss der Lagerung in destilliertem Wasser bzw. der trockenen Lagerung untersucht. Der YOUNG–Modul der Proben sank bei Lagerung in Wasser bei allen untersuchten Materialien mit Ausnahme von Herculite XRV. Die Abnahme betrug bei Kompositen 12–25%, bei Dyract 23%, bei Glasionomerzementen wie Fuji II LC sogar bis 58%. Die Bruchfestigkeit nahm mit der Wasseraufnahme bei allen untersuchten Materialien mit Ausnahme von Dyract deutlich ab. Im feuchten Zustand dif-

Verschleiss und Ermüdung - Ermüdungsverhalten

ferierten die Messwerte für Dyract und den Kompositen P50–APC, Z100 und Herculite XRV nicht signifikant. Die Ermüdungsgrenze für Biegebelastungen nahm bei allen Kompositmaterialien und bei Dyract mit der Wasseraufnahme ab, bei Charisma und Dyract aber in geringstem Masse. Glasionomerzemente unterliegen unter diesem Aspekt kaum Veränderungen durch Wasseraufnahme. Insgesamt wies Dyract In–vitro–Eigenschaften auf, die denen der Komposits nahekamen. Jedoch sind laut Braem Übertragungen auf klinische Verhältnisse für die durchgeführten Untersuchungen nicht ratsam.

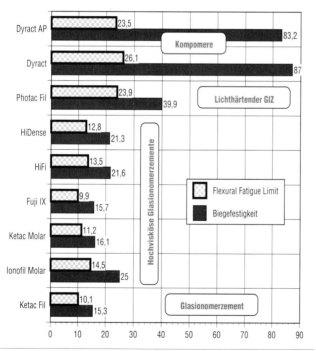

Biegefestigkeit und FLexural Fatigue Limit von GIZ, Hochviskösen GIZ und Kompomeren im Vergleich (Frankenberger, 1998)   56

FRANKENBERGER, KRÄMER, GRAF und SINDEL (1998) untersuchten Glasionomerzemente und Kompomere mit Hilfe der Biegefestigkeit (quasistatischer 4-Punkt-Biegeversuch) und der zyklischen Ermüdung (Flexural Fatigue Limit, Staircase-Methode). Danach weisen hochviskӧse Glasionomerzemente gegenüber Glasionomerzementen vor und nach Ermüdung keine Vorteile auf. Deshalb sind Hybridglasionomerzemente wegen der Gefahr der Isthmusfraktur als permanentes Füllungsmaterial in grӧßeren mehrflächigen Kavitäten nicht zu empfehlen. Lichthärtende GIZ weisen eine vergleichbar hohe Frakturresistenz auf, jedoch ist nach FRANKENBERGER die Abrasionsneigung zu ungünstig. Kompomere zeigen eine deutliche Ermüdung nach zyklischer Last, sind bezüglich ihrer Frakturresistenz jedoch deutlich günstiger zu bewerten.

ACTA–Prüfung

In der Diskussion um die mӧgliche Amalgam–Nachfolge wurden unter anderem Silikophosphatzemente, Glasionomerzemente und Kompomere als Alternativmaterialien vorgeschlagen (KRENKEL, 1994). Verschleiss tritt bei diesen Materialien nicht nur bei direkter okklusaler Belastung, sondern auch in kontaktfreien Zonen überwiegend durch Nahrungsbestandteile auf (BAYNE, TAYLOR, HEYMANN, 1992). Das Verschleissverhalten bei Belastung mit Nahrungsbestandteilen war in diesem Zusammenhang Untersuchungsgegenstand einer Studie von BAUER, KUNZELMANN und HICKEL (1995). In der ACTA–Maschine (DE GEE 1986) wurden 4 Silikophosphatzemente, 2 Glasionomerzemente und 2 Kompomere nach 24 Stunden Wasserlagerung mittels einer Hirsesuspension abradiert. Die mit den entsprechend den Herstellerempfehlungen verarbeiteten Originalmaterialien beschickten Proberäder wurden 200000 Zyklen lang abradiert (Mediumwechsel nach je 50000 Zyklen). Mit einem computerunterstützten Perthometer (S3P*) wurden die Abrasionsspuren in einer Breite von 8 mm und einem Messpunkteabstand von 100 Mikrometern ermittelt. Mehr als 80 Profilmessungen je Probe wurden ausgewertet. Die ermittelten Verschleisswerte variierten zwischen den einzelnen Materialien erheblich. So lag in der Gruppe der Silikophosphate der Materialverlust für Cupro–Dur (MERZ) zwischen 15 und 153, für Stahlzement (DETAX) zwischen 24 und 156, für Steinzement (DETAX) zwischen 36 und 206, für Trans–Lit (MERZ) zwischen 16 und 67 Mikrometern. Die Glasionomerzemente zeigten einen Verschleiss von 18–43 Mikrometern (Fuji IX, GC–CORPORATION) bzw. 32–46 Mikrometern. Kompomere zeigten einen Wert von 36–38 Mikrometern (Compoglass, VIVADENT) bzw. 40 bis 41 Mikrometern (Dyract, DENTSPLY DETREY). Amalgam (Valiant PH.D.; DENTSPLY DETREY) wies Werte zwischen 10 und 13 Mikrometern auf (Abb. 57, S. 99).

3-Körper-Abrieb
ACTA-Maschine

Ergebnisse der 3–Körper–Abrieb–Testung in der ACTA–Maschine im Vergleich   57

Verschleiss und Ermüdung - Kausimulator

Die statistische Aufbereitung der Messergebnisse ergab signifikante Unterschiede im Vergleich mit anderen Testmaterialien nur für Trans– Lit. Die radikalische Polymerisation der Methacrylate dominiert die Matrixeigenschaften der Kompomere, wobei die Autoren keine Ursachen für die geringfügig höheren Verschleisswerte im Drei–Medien–Abrasionstest gegenüber den Glasionomerzementen angeben. Unterschiede zwischen den Kompomeren wären vor allem durch die unterschiedlichen mittleren Partikelgrössen (Dyract 2,4 Mikrometer, Compoglass 1,6 Mikrometer) sowie das im Compoglass zusätzlich beigefügte Sphärosil als Füllkörper erklärbar. Zusammenfassend halten BAUER et al. die Verwendung von Kompomeren als permanente Füllungsmaterialien im Seitenzahngebiet aufgrund der ungenügenden Abrasionswerte noch nicht für indiziert. Abrasionswerte im Drei–Medien–Abrasionstest sprechen – dies ist wohl die wichtigste Aussage der Untersuchungen – weder für Glasionomerzemente noch für Kompomere, da keine signifikanten Unterschiede bestehen. Bei Untersuchungen unter Zuhilfenahme des Münchner Kausimulators (FLESSA, BAUER, AL– KATHAR, KUNZELMANN, HICKEL 1995) erhielten jedoch fast alle der o.a. getesteten Materialien keine ausreichenden Bewertungen (Abrasion mehr als 500 Mikrometer nach 5000 Zyklen); lediglich Fuji IX und Dyract zeigten bessere Resultate.

Kausimulator

Auch PELKA, EBERT, KRÄMER, SCHNEIDER und RÜCKER (1995) untersuchten Zwei– und Dreikörperabrasion von Glasionomeren und Komposits. Die Simulation wurde in einem Kausimulator (50 N Belastung, 10000 Zyklen, 2000 Thermowechselbelastung zwischen 5 und 55 Grad Celsius) und bei der Dreikörperabrasion in der ACTA–Maschine nach DE GEE (1986) unter Verwendung von Hirsesamen–Suspension als abrasivem Medium. Die Messung erfolgte mit einem Profilometer (S3P–Perthometer) mit einer

Verschleiss und Ermüdung - Einfluss der Wasseraufnahme

Auflösung von 25 Mikrometern in x- bzw. y-Richtung und 1 Mikrometer in z-Richtung. Im Vergleich zu Amalgam führte die Analyse sowohl im Zwei- wie auch im Dreimedien-Abrasionstest zu gleichen Ergebnissen. Die Abrasionswerte waren auf der Basis Amalgam (Valiant PH.D., 1,0) < Pertac Hybrid (1,2) < Heliomolar (1,4) < Ketac Fil (3,5) < Ketac Silver (4,6) < Unicap Fil (5,0) < Dyract (5,8) < Aqua Ionofil (6,3) < Chem Fil (6,8) < Photac Fil (13,6). Besonders das letzte Ergebnis wurde von den Autoren hervorgehoben.

DUPUIS, CATTANI und MEYER (1995) untersuchten den Einfluss von Wasser auf die mechanischen Eigenschaften von lichthärtenden Glasionomerzementen. Testkörper wurden dabei in destilliertem Wasser oder in trockener Athmosphäre bei 37 Grad Celsius für 24 Stunden bis zu 3 Monaten aufbewahrt und einer anschliessenden Prüfung in einer Universaltestmaschine unterzogen. Während Fuji II LC als Vertreter der Hybridglasionomerzemente deutlich schlechtere mechanische Werte nach Wasserlagerung aufwies, zeigte Dyract keinen Einfluss des Aufbewahrungsmediums. Die Biegefestigkeit von Dyract betrug bei trockener Lagerung nach 24 h 35 MPa, nach 3 Monaten 61 MPa; die von Fuji II LC 31 MPa bzw. 65 MPa. Bei Lagerung in destilliertem Wasser waren die Werte für Dyract 32 MPa bzw. 58 MPa, dagegen für Fuji II LC 15 MPa bzw. 14 MPa (Abb. 19, S. 46). Eine umfangreiche Übersicht über die Biegefestigkeit von Kunststoffen, Glasionomerzementen und Kompomeren findet sich auch bei WELKER (1997).

Einfluss der Wasseraufnahme

SOLTESZ (1994) untersuchte in vitro das Ermüdungsverhalten von Chemfil Superior L (selbsthärtender Glasionomerzement), Fuji II LC (Hybridglasionomerzement/lichthärtend) und Dyract (Kompomer). Dabei

3-Punkt-Biegebelastung

Verschleiss und Ermüdung - 3–Punkt–Biegebelastung

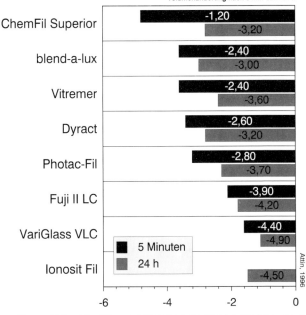

Abbindekontraktion diverser Füllungsmaterialien nach 5 Minuten bzw. 24 Stunden (vgl. auch „Volumenänderung beim Abbinden" auf Seite 44).   58

wurden normierte Probenkörper im Rahmen der 3– Punkt–Biegeanordnung nach DIN 13922 einer zyklischen Belastung mit konstanter Ober– und Unterlast (5% des quasistatischen Mittelwertes) ausgesetzt. Diese Belastungscharakteristik kommt wohl dem beim Kauen real auftretenden Verlauf (sägezahnartig mit ca. 1,3 kHz) nahe. Entsprechend dem WÖHLER–Verfahren wurden mehrere Proben auf verschiedenen Oberlastniveaus belastet. Die Wechsel–belastung bleibt bis zum Probenbruch erhalten. Die Anzahl der Zyklen wurde gemessen (max. 10⁶ Zyklen).

Das Ergebnis der Untersuchungen führte zu charakteristischen WÖHLER–Kurven, die die Abhängigkeit der Festigkeit von der ertragenen Zyklenzahl oder – in umgekehrtem Bezug – die Abhängigkeit der Lebensdauer vom gewählten Lastniveau repräsentieren. Bei den untersuchten Materialien trat eine sehr deutliche Festigkeitsminderung unter Wechsellast ein, die bei der max. Zyklenzahl bei etwa der Hälfte bis zwei Drittel des quasistatischen Ausgangswerts lag. Jedoch unterschieden sich die Materialien bezüglich ihrer quasistatischen Ausgangswerte erheblich (Faktor bis 2,6). Die Rangfolge der Materialien blieb auch nach der maximalen Zyklenzahl erhalten. Danach erreichte ChemFil die schlechtesten Werte. Fuji II LC wurde etwas besser bewertet, erreichte aber nicht das Niveau von Dyract. Chemfil Superior L und FUJI II LC liegen insgesamt im Vergleich mit herkömmlichen Werkstoffen im Bereich mikrogefüllter Komposits; Dyract reicht an die Hybridkomposits heran.

Auch APOSTOLOPOULOS (1996) beschäftigte sich mit dem Dreipunkt–Belastungstest, aber aus dem Aspekt der Reparatur defekter Füllungen heraus. Amalgamfüllungen erreichen etwa 60%, Kompositfüllungen sogar 90–100% der ursprünglichen Scherfestigkeit nach Reparatur leicht defekter Füllungen (LAGOUVARDOS 1985; LOUKIDES 1990, GREGORY 1990). Glasionomerzemente übersteigen nach Reparatur gelegentlich sogar die ursprünglichen Werte (APOSTOLOPOULOS 1992). Die Autoren stellten die neuen Materialien Dyract, Compoglass und (als Komposit) TPH gegenüber und untersuchten die Biegefestigkeit bei Dreipunktbelastung nach Reparatur – zum einen ohne Vorbehandlung, zum anderen mit Vorbehandlung durch PSA bzw. SCA–Primer/Adhäsiv und dem Kompositbonding Adhesive Bond II (Kulzer). Die Messergebnisse liessen den Schluss zu, dass PSA einen positiven Aspekt bei der Reparatur von Dyract, Adhesive–Bond II bei der Reparatur von Compoglass hat. Jedoch erreichte nur Dyract, repariert unter Verwendung von PSA, seine vollständige, ursprüngliche Festigkeit wieder.

FISCHER, LAMPERT und MARX (1998) untersuchten 3–Punkt–Biegebelastung, Bruchzähigkeit (4–Punkt–Biegetest) und Dauerfestigkeit. Im kontinuierlichen Test der Biegespannung wurde bei im Korrosionsbad gelagerten Proben eine Abnahme auf 25% der Ausgangswerte nach 20 Tagen und auf 50% der Ausgangswerte nach 150 Tagen ermittelt. Auch die Bruchzähigkeit nahm im Untersuchungszeitraum um etwa 50% ab. Im Vergleich zu den Kompomeren Hytac (ESPE, Seefeld) und Compoglass (VIVADENT, Ellwangen) ergaben sich bei einer

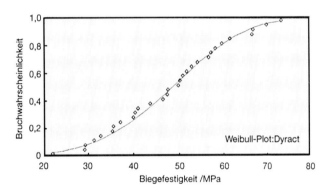

Biegespannung von Komposit und Kompomer

Untersuchung der Bruchmechanik Hinweise zur Dauerfestigkeit der drei Kompomere (FISCHER, LAMPERT, MARX 1998). Dazu wurden vereinfachte Probenkörper hergestellt, in einer 4–Punkt–Biegebelastung nach Kerbung einem kontrolliertem Bruchversuch unterworfen. Zusätzlich zur Ermittlung der Bruchzähigkeit wurden WEIBULL–Modul und WEIBULL–Festigkeit im 3–Punkt–Biegeexperiment ermittelt. Lediglich Dyract zeigte im Versuch kein Risswachstum, was gegenüber den beiden anderen Materialien in einem dynamischen Biegeexperiment verifiziert werden konnte. Die Kenntnis von Biegefestigkeit und Bruchzähigkeit für die Beurteilung der Dauerfestigkeit spröder Materialien ist nach Ansicht der Autoren keinesfalls ausreichend. So ergibt sich aus der Biegefestigkeit und Bruchzähigkeit ein Vorzug für das Material Hytac gegenüber Compoglass; da aber die Rissparameter von Compoglass erheblich günstiger sind als die von Hytac, führt dies zu einem viel langsameren Rissfortschritt. Da spröde Materialien immer von Fehlstellen ausgehend versagen, ist dies ein wichtiger klinischer Vorzug, der sich im Lebensdauerdiagramm niederschlägt. So ist bei Compoglass eine viel höhere Dauerbelastung als bei Hytac möglich. Für Dyract wurde sogar kein Risswachstum festgestellt (unterkritisch).

Ausfallwahrscheinlichkeit	Compoglass	Hytac	Dyract
0,1 %	30 MPa	9 MPa	Kein Ausfall, daher unkalkulierbare Wahrscheinlichkeit
1 %	48 MPa	15 MPa	

Ausfallwahrscheinlichkeit bei Kompomeren unter Belastung (FISCHER 1998) 60

9.3. Druck- und Zugfestigkeitsergebnisse

Die Druckfestigkeit des Dyract–Kompomers übersteigt die konventioneller Glasionomerzemente, erreicht jedoch nicht das Festigkeitsniveau eines Seitenzahnkomposits. Dies betrifft auch die diametrale Zugfestigkeit. Experimentelle Studien (DHUMMARUNGRONG, MOORE und AVERY, 1994; MITRA, 1991) bestätigten schon die günstigen mechanischen Eigenschaften traditioneller lichthärtender Glasionomerzemente. Das Langzeitfestigkeitsverhalten des Kompomers Dyract entspricht in etwa

Druckfestigkeit

dem etablierter Kompositmaterialien. Jedoch ist der gesamte okklusale Substanzverlust von Dyract–Restaurationen und Antagonist ungefähr doppelt so hoch wie jener von modernen Hybridkomposits. Hingegen konnte die Verschleissfestigkeit im Vergleich zu konventionellen Glasionomerzementen erheblich gesteigert werden.

Diametrale Zugfestigkeit

Dyract, Photac–Fil, Vitremer und Fuji Ionomer wurden von LIU, LIAO und LI (1995) hinsichtlich ihrer diametralen Zugfestigkeit geprüft. Die Proben wurden alternativ in Wasser aufbewahrt oder waren im Rückenmuskel von Ratten für einen Monat implantiert. Die kunststoffmodifizierten Glasionomere verursachten tierexperimentell stärke inflammatorische Reaktionen als die konventionelle Glasionomere. Das Ranking der Zugefestigkeit war in vivo wie in vitro Dyract>Photac>Vitremer> Fuji (Abb. 61, S. 107).

ATTIN, VATASCHKI und HELLWIG (1996) bestimmten einige grundlegende physikalische Eigenschaften von fünf lichthärtenden Glasionomerzementen, einem Kompomer, einem Hybridkomposit und einem selbsthärtenden Glasionomerzement. Die Ergebnisse der vergleichenden Versuche sind in Tabelle 62 auf Seite 108 aufgeführt.

Untersuchungen zur Härte in Abhängigkeit von der Entfernung des Messbereichs von der Materialoberfläche, die die Autoren gleichzeitig durchführten, führten zu der Erkenntnis, dass bei einer Verwendung als Füllmaterial keine Materialstärken über 2,0 mm in einem Schritt appliziert werden sollten. Auch ELLAKURIA, TRIANA, PRADO MINGUEZ, PRADE und CEARRA (1996) beschäftigten sich mit der Mikrohärte lichthärtender Glasionomerzemente. Sie ermittelten für Dyract 57,7, Fuji–II–LC 62,7, Compoglass 68,8 und Vitremer 50,0 VHN.

Diametrale Zugfestigkeit

Material	in vivo-Lagerung Wasser, 37°C	in vitro-Lagerung Rattenmuskel
Dyract	41,2	39,5
Photac-Fil	26,4	25,2
Vitremer	25,9	26,4
Fuji-Ionomer	13,4	13,2

LIU, LIAO, LI 1995

Diametrale Zugfestigkeit nach in–vivo– bzw. in–vitro–Lagerung   61

KIMURA, TANAKA, ONOZAWA, TOKUDA und KATOH (1996) gaben als Ergebnisse ihrer werkstoffkundlichen Untersuchungen folgende Messwerte an: für die Druckfestigkeit 380,2 MPa (PRISMA TPH), 292,7 MPa (DYRACT), 204,9 MPa (ADVANCE), 179,1 MPa (VITREMER) und 145,5 MPa (FUJI II LC). Die Werte waren signifikant unterschiedlich. Die diametrale Zugfestigkeit wude ermittelt mit 57,9 MPa (PRISMA TPH), 43,1 MPa (DYRACT), 24,2 MPa (ADVANCE), 20,6 MPa (VITREMER) und 17,3 MPa (FUJI II LC). Die Biegefestigkeiten gaben die Autoren an mit 141,1 MPA (PRISMA TPH), 100,1 MPa (DYRACT) 50,3 MPa (ADVANCE), 50,2 MPa (VITREMER) und 49,3 MPa (FUJI II LC).

Die neuen lichthärtenden Kompomere ähneln in vielerlei Hinsicht den Kompositen. So stellt sich auch die

Weitere Werkstoffparameter

Verschleiss und Ermüdung - Weitere Werkstoffparameter

Material	Mikrohärte (Vickers)	Mittlere Druckfestigkeit (N/mm^2)	Mittlere Biegefestigkeit (N/mm^2)	E-Modul (N/mm^2)
blend-a-lux	97,8	380,3	130,6	10339
ChemFil Superior	59,8	161,1	20,5	11850
Dyract	54,9	255,6	123,9	8395
Ionosit Fil	41,7	161,8	38,8	6751
Vitremer	41,4	176,1	55,9	7596
VariGlass VLC	38,3	167,0	36,2	4749
PhotacFil	37,4	128,2	32,5	4326
Fuji II LC	36,2	159,7	54,6	6249

Physikalische Eigenschaften von Füllungsmaterialien (Auswahl) 62

Frage nach dem Grad der Polymerisation, die Lioumi, Papalexis, Lagouvardos und Oulis (1996) untersuchten. Als Mass für den Polymerisationsgrad zogen sie die Veränderung der Mikrohärte der verwendeten Materialien – Dyract und Compoglass – heran. Mit einer Vickers–Anordnung (Shimatzu HMV–2000) prüften sie die Mikrohärte auf der Oberfläche und 1,2,3 mm unterhalb der Oberfläche von Proben mit 40 bzw. 80 Sekunden Lichtbestrahlung nach 1 Stunde, 1 Tag und 1 Woche. Interessant war die unterschiedliche Entwicklung der beiden Kompomere, da die statistische Analyse für Dyract eine signifikante Steigerung der Mikrohärte, für Compoglass dagegen eine signifikante Verminderung ergab. Beide Materialien zeigten signifikant höhere Mikrohärte an der Oberfläche gegenüber 3 mm Tiefe bei 40 Sekunden Bestrahlung, bei 80 Sekunden Bestrahlung war dieser Effekt nicht mehr signifikant. Die gemessene Härtewerte lagen unter denen moderner Komposits.

10 Sonstige Eigenschaften

10.1. Optische Eigenschaften

Die optischen Eigenschaften des Kompomers gleichen jener moderner Kompositwerkstoffe. Dyract erreicht dabei identische Werte im Bereich der C0.7– Transluzenz wie Fein–Hybrid–Komposits. Die Farbstabilität von Dyract ist langfristig nachgewiesen und ermöglicht in Zusammenhang mit der differenzierten Farbauswahl aus dem Dyract– System die Schaffung ästhetischer Restaurationen. Die adaptive Fähigkeit des Kompomers Dyract und damit hervorragende farbliche Integration ist in der Literatur beschrieben (BELL, 1994).

Farbtreue

Die meisten bekannten Restaurationsmaterialien beziehen sich bei der Benennung ihrer Farben auf den VITA Farbschlüssel. Um die Übereinstimmung mit der Original–Skala zu prüfen, wurden 40 Zahnmediziner gebeten, die Übereinstimmung der gewählten Farbe mit dem Original zu bewerten (1= Sehr schlecht, 5 = Exzellent). Pro Restaurationsmaterial wurden 3 Farben (eine mittlere, die hellste, die dunkelste) ausgewählt. Bei hellen Farben hatte der Glasionomerzement (VITREMER) eine deutlich schlechtere Farbübereinstimmung mit der Original–VITA–Skala als das getestete Komposit (DURAFILL VS) bzw. Kompomer (DYRACT). Bei mittleren Farbwerten war die Farbübereinstimmung für das Kompomer schlechter als für die Komposite (Durafill VS, Z 100) und den dualhärtenden Glasionomerzement (Fuji II LC). Bei dunklen Farben waren die Komposite besser als die anderen Materialien; sie schnitten auch bei der Gesamtbetrachtung am besten ab, wobei aber

Sonstige Eigenschaften - Farbbeständigkeit

keines der Materialien sehr gut mit der gewählten VITA–Farbe übereinstimmte (YAP, BHOLE und TAN 1995).

Farbbeständigkeit

Die In–Vitro–Farbbeständigkeit von zahnfarbenen Werkstoffen war Thema einer experimentellen Untersuchung von LEIBROCK, BEHR, ROSENTRITT und HANDEL (1995). Dabei wurde das Farbverhalten des Kompomers Dyract und des lichthärtenden Glasionomerzements Photac–Fil in vitro mit dem bekannter Füllungskomposits (TETRIC und DURAFILL), eines Verblendkunststoffs (DENTACOLOR) und eines Glasionomerzements (KETAC–FIL) verglichen. Die Farbveränderung wurde nach Alterung im Schnellbelichtungsgerät (mod. nach DIN 53387) mit Hilfe des Spektralfarbmessgeräts Castor nach dem CIE*L*a*b*–System (DIN 6174) im Vergleich zu der gleichen Zahl unbestrahlter Blindproben bestimmt. Insgesamt ergab sich bei helleren Farben meist eine signifikant stärkere Farbveränderung. Die grössten Farb–unterschiede zeigten Tetric A2 und B3, Durafill U, Dyract B3 und Photac–Fil L und Y. Analog zu den lichthärtenden Kompositen konnte bei Photac–Fil nach künstlicher Alterung eine Tendenz zur Gelbveränderung nachgewiesen werden. Das Kompomer Dyract wie dagegen deutlich stabilere Helligkeitswerte auf und zeigte teilweise bessere Farbstabilität als die Füllungskomposits.

Transluzenz

Die Transluzenz eines Füllungsmaterials wird üblicherweise durch den C0.7–Wert dargestellt. Der Wert von Dyract erreicht die von Kompositen bekannte Transluzenz (C0.7: 40). Das Kompomer erfüllt damit in dieser Hinsicht die Anforderungen ästhetischer Zahnheilkunde und des ISO–Standards 4045 für Kompositwerkstoffe. Die erreichte Transluzenz ist klinisch stabil (GRÜTZNER 1996).

TORABZADEH und ABOUSH (1995) beschäftigten sich mit der Tranzluzenz von (lichthärtendem) Glasionomerzement, Komposit und Kompomer. Probenkörper aus Fuji II LC, Photac–Fil, Dyract, Fuji II Cap und Tetric wurden unter Verwendung eines Photometers nach Herstellung, 1 Woche, 6 Monaten und 1 Jahr auf ihre Transluzenz geprüft. Die Transluzenz lichthärtender Glasionomerzemente verbesserte sich – ähnlich wie die der Komposits – zwischen einer Woche und 6 Monaten signifikant, um dann konstant zu bleiben. Traditionelle Glasionomerzemente zeigten – nicht signifikante – konstante Verbesserung in der 1–Jahresperiode. Die Transluzenz von Dyract änderte sich nicht signifikant im Beobachtungszeitraum. Nach einem Jahr war Photac–Fil signifikant mehr transluzent als die anderen Materialien; Fuji II Cap hatte die geringsten Werte. Fuji II LC, Dyract und Tetric differierten hinsichtlich ihrer Transluzenz nicht signifikant. Resümierend folgern die Autoren, dass Dyract als einziges Material optimale Transluzenz sofort nach Aushärtung zeigt.

Die Röntgendichtigkeit von Dyract wird mit etwa 250 Prozent der Dichtigkeit von Aluminium angegeben und liegt damit im Bereich der Dentinwerte. Damit ist eine ausreichende Differenzierung zwischen Dentin, Füllungsmaterial und einer Karies möglich.

Röntgenopazität

10.2. Zytotoxizität

SCHIEMANN und HANNIG (1995) untersuchten die potentielle Zytotoxizität von Dyract, Fuji II LC und Photac–Fil. Der Einfluss der Aushärtungsmodalitäten wurde an Zellkulturen geprüft, wobei strangförmige Probenkörper nach Lichthärtung oder 24stündiger Lagerung im Inkubator in Vollmedium 24 Stunden eluiert wurden. Auch der Dyract–Primer PSA wurde belichtet

Sonstige Eigenschaften - Röntgenopazität

und eluiert. Die Eluate wurden auf L–929–Fibroblastenrasen aufgebracht und für 24 Stunden inkubiert. Auswertungskriterium war die Hemmung des aeroben Energiestoffwechsels mittels MTT–Methode. Im Ergebnis erwiesen sich belichtete Proben aus Dyract als untoxisch. Unbelichtete Proben waren mässig zytotoxisch. Der lichtgehärtete PSA–Primer war je nach Schichtdicke untoxisch bis mässig toxisch. Die durch licht– und chemische Härtung abbindenden Materialien Fuji II LC und Photac Fil ergaben untoxische Eluate; bei Verhinderung eines Härtungsmechanismus aber führten diese Materialien nicht zu zelltolerablen Proben.

BOTELHO und COOGAN (1995) untersuchten die Wirkung von lichthärtenden Glasionomerzementen auf das Wachstum von Lactobazillen–, Streptokokkus–mutans– und Streptokokkus–sanguis–Kolonien. Alle frisch applizierten Materialien zeigten eine Inhibition des Bakterienwachstums, die mit zunehmender Dauer nachliess. Die bakterielle Wirkung erlaubte ein absteigendes Rating zwischen den untersuchten Materialien Vitrabond, VariGlass, Vitremer, GC LC Lining, Fuji IX, Fuji II LC und Dyract.

WELKER (1997) berichtet über 124 biologisch–experimentelle und klinische Untersuchungen zur biologischen Verträglichkeit von Glasionomerzementen und resümmiert, dass bei Kavitäten mit geringer Restdentindicke ein Pulpaschutz vorgenommen werden sollte. Diese Empfehlung gelte auch für die neuen Kompomere. In eigenen Untersuchung gibt er die Hämolyserate 24h alter Präparate von Dyract mit 25,9%, von Fuji II LC mit 29,4% und von Vitrabond mit 10,2% an, wobei ab 10% klinische Auswirkungen zu diskutieren seien.

10.3. Klinische Werkstoffkunde

Klinische Aspekte

Die Eignung einer Kombination aus Füllungsmaterial und Haftvermittler muss vor der eigentlichen klinischen Prüfung in Laborversuchen festgestellt werden. Dabei sollten die zu testenden Kombinationen möglichst mit bekannten, klinisch bewährten Haftsystemen verglichen werden. FORSTEN (1994) sieht als Schritte zu einer gültigen Bewertung eines Füllungsmaterials vier Stufen: zum ersten die Vorhersage chemischer und physikalischer Eigenschaften aufgrund der Komposition des Materials; zum zweiten Labor- und/oder Tierstudien; zum dritten die begrenzten klinischen Studie und zum vierten die klinische Erfahrung bei generalisierter Anwendung (Abb. 65, S. 120).

Die Stufenpyramide der Materialbewährung. 63

Randschluss

Als Mass aller Dinge gilt in diesem Bereich oftmals der Randschluss der Füllungen. Dabei ist die Definition einer Einschätzung „perfekter Rand" oder „kontinuierlicher Übergang" jedoch sehr individuell. Ein auftretender Rand muss zudem im Zusammenhang mit der Randspaltbreite und der Tiefe der Fuge gesehen werden. Zudem ist die Frage noch ungeklärt, welche Breite klinisch noch akzeptabel ist – die Korrelation mit unterschiedlichen Füllungsmaterialien einmal ausser acht gelassen (Abb. 64, S. 114).

Sonstige Eigenschaften - Randschluss

Kriterium		Definition
Farbanpassung	A	Die Restauration ist in bezug auf den Farbton und die Transluzenz von der benachtbarten Zahnhartsubstanz nicht zu unterscheiden.
	B	Die Restauration unterscheidet sich in bezug auf den Farbton oder die Transluzenz von der benachbarten Zahnhartsubstanz, der Unterschied liegt aber im Rahmen der natürlichen Zahnfarben.
	C	Die Restauration unterscheidet sich in bezug auf den Farbton oder die Transluzenz von der benachbarten Zahnhartsubstanz, der Unterschied liegt ausserhalb des Rahmens der natürlichen Zahnfarben.
Oberflächentextur	A	Optisch und taktil: kein Unterschied gegenüber poliertem Schmelz
	B	Optisch und taktil: rauher als polierter Schmelz
Postoperative Sensibilität	A	Negativ
	B	Positiv, unter Angabe der Dauer
CO_2	A	Positiv
	B	Negativ
Fraktur	A	Keine Fraktur
	B	Fraktur(en) vorhanden
Restaurationsform (Verschleiss)	A	Die Restauration geht kontinuierlich in die benachbarte Zahnstruktur über. Überkonturierung ist möglich.
	B	Minimale Stufe im Randbereich.
	C	Generalisierter Substanzverlust mit deutlicher Stufe im Randbereich
Randständigkeit	A	Die Sonde bleibt im Randbereich nicht hängen, bzw. dort, wo sie hängen bleibt, kann klinisch optisch kein Randspalt diagnostiziert werden.
	B	Die Sonde bleibt im Randbereich hängen, und ein Randspalt ist klinisch optisch diagnostizierbar. Die Restauration ist aber fest, und weder Dentin noch Unterfüllung sind entblösst.
	C	Die Sonde kann in einen Randspalt eingeführt werden, welcher bis zur Schmelz–Dentin–Grenze reicht.
Randverfärbung	A	Keine sichtbare Randverfärbung
	B	Randverfärbung ist auf die Oberfläche der Restauration beschränkt.
	C	Randverfärbung reicht in die Tiefe der Restauration in Richtung Schmelz–Dentin–Grenze.
Sekundärkaries	A	Keine klinisch sichtbare Verfärbung in der Tiefe der Restauration.
	B	Klinisch sichtbare Verfärbung in der Tiefe der Restauration oder in der benachbarten Zahnhartsubstanz.

Zur klinischen Bewertung eines Füllungsmaterials werden in der Regel die von RYGE **entwickelten Kriterien herangezogen, die von einigen Autoren modifiziert wurden (**KREJCI, GEBAUER, HÄUSLER, LUTZ **1994)**

Sonstige Eigenschaften - Belastungstoleranz

Belastungstoleranz

REICH und VÖLKL (1995) gingen von der Tatsache aus, das alle Restaurationen in zervikalen Regionen des Zahnes Belastungen sowohl thermischen Wechseln als auch okklusalem Stress ausgesetzt sind. Extrahierte menschliche Prämolaren wurden mit Normkavitäten versehen und entsprechend den Herstellerempfehlungen mit Ketac–Fil, Fuji II LC oder Dyract versorgt. Eine okklusale Belastung wurde im 45 Grad–Winkel auf den Zahn aufgebracht (500.000 Zyklen, 70 N), wobei gleichzeitig 5000 thermische Wechselbelastungen einwirken konnten. Replicas wurden bei 200facher Vergrösserung im SEM untersucht, die Farbstoffpenetration bei 100facher Vergrösserung an den sektionierten Zähnen geprüft. Im Ergebnis zeigte das Kompomer Dyract die besten Resultate hinsichtlich seiner marginalen Adaptation (SEM). Im dentinbegrenzten Randbereich wurde Fuji II LC schlechter bewertet als die anderen Materialien. Die thermische und okklusale Belastung beschädigte die Randbereiche der Glasionomermaterialien erheblich mehr als die des Kompomers. Insgesamt waren die Befunde im SEM deutlicher nachweisbar als bei der Farbstoffpenetration. Bei den Versuchen zeigte sich, dass die alleinige okklusale Belastung für die Restaurationen folgenträchtiger war als die alleinige thermische Belastung.

Thermische Belastungen

In einer ähnlichen Untersuchungen prüften REICH und VÖLKL die Randqualität von zervikalen Füllungen aus lichthärtenden Glasionomerzementen mit denen selbsthärtender Systeme in Rinderzähnen. Der leicht modifizierte Versuchsaufbau (keine okklusale Belastung) führte zu ähnlichen Ergebnissen. Grundsätzlich verschlechterte die thermische Wechselbelastung die Randqualität aller Füllungen. Im Vergleich zu allen laminierten Füllungen (PHOTAC BOND, KETAC BOND, VITREBOND, LC LINING, XR IONOMER und KETAC FIL) erzielten Fuji II LC und Dyract signifikant weniger Randspal-

Sonstige Eigenschaften - Mechanische Belastungen

ten im SEM. Beide Materialien hatten auch die grössten Anteile an perfektem Füllungsrand. Mit Photac Bond waren bessere Randqualitäten erreichbar als mit Ketac–Bond oder Vitrebond. Die Vorteile der lichthärtenden Materialien sind gegenüber den selbsthärtenden signifikant, wobei diese Aussage nur bedingt für Unterfüllungsmaterialien gilt.

Mechanische Belastungen

Auch ATTIN, VATASCHKI, BUCHALLA, KIELBASSA, PRINZ und HELLWIG (1996) berichteten ihre Erfahrungen über die Randqualität von lichthärtenden Glasionomerzementen und Dyract in keilförmigen Defekten, Klasse I– und Klasse V–Kavitäten. Dazu wurden 40 Molaren für die Klasse I normiert präpariert und anleitungsgerecht gefüllt, in einem Kausimulator belastet (120.000 okkl. Belastungen von 52+/- 2 N) und nach Farbstoffpenetration (0,5%ige Fuchsinlösung) stereomikroskopisch ausgewertet. 48 Zahnhalsfüllungen – gesplittet nach Cl.–V.–Kavitäten und keilförmigen Defekten – wurden ähnlich untersucht, wobei eine thermische Wechselbelastung von 1000 Zyklen (5°/ 55°C) hinzukam.

Im Bereich der Cl.–I–Versorgung schnitten Dyract und ChemFil superior am besten ab. Sie zeigten den geringsten Anteil marginaler Imperfektionen. Auch die Penetrationstiefen waren für beide Materialien am geringsten. Schlechter schnitten Fuji–II–LC, blend–a–lux, Vitremer, Photac–Fil, VariGlass VLC und Ionosit Fil ab. Die Autoren resümierten, dass aufgrund der beobachteten guten Randqualitäten Dyract möglicherweise eine Alternative zu bewährten Kompositsystemen bei der Versorgung von Cl.–I–Kavitäten darstellt.

Im Bereich der Cl.–V–Versorgungen zeigten alle Materialien im Schmelz einen geringeren Anteil marginaler Imperfektionen als im Dentin, wobei blend–a–lux am Schmelzrand am besten (8% Imperfektionen), am Dentinrand dagegen am schlechtesten (75% Imp.) abschnitt. Bei den keilförmigen Defekten zeigte blend–a–lux 5%, Dyract 10% marginale Imperfektionen im Schmelz; im Dentin waren es beim Komposit 28%, beim Kompomer hingegen nur 19% Defekte. ATTIN et al. empfahlen nicht zuletzt aufgrund der Handhabung, klinisch die lichthärtenden Glasionomerzemente den selbsthärtenden vorzuziehen.

An dieser Stelle sei auf eine Problematik der Untersuchungen hingewiesen: die REM–basierte quantitative Randanalyse erlaubt die Bewertung einer gesamten Randlänge. Demgegenüber können bei der Farbpenetration nur Teilbereiche ausgewertet werden. In diesen Randbereichen kann jedoch die gesamte Tiefe der Kavität begutachtet werden, was für die Bewertung der Gesamtadhäsion von nicht untergeordneter Bedeutung ist. Bei vielen Proben ist es jedoch schwierig, zwischen Farbpenetrationen in einen Randspalt oder Verfärbung aufgrund Eindringens in die Werkstoffmatrix (Porositäten) zu differenzieren. Eine Reaktion hydrophiler Färbelösungen mit Dentinhaftvermittlern wird ebenfalls diskutiert.

Ein Einfluss durch die Entfernung von überschüssigen Farbstoffresten vor der Untersuchung (zum Beispiel mit Bürstchen ohne Abrasivmittel) wird allgemein ausgeschlossen.

Der Farbstoffpenetrationstest hat sich jedoch trotz der geäusserten Kritik (STAEHLE, 1993) mangels besserer Methoden als geeignetes Verfahren erwiesen (LUTZ, 1993). Farbstoffpenetration und Randspaltbildung sind nicht gleichzusetzen, da auch innerhalb einer Verbundschicht Farbstofflösungen, Ionen oder Radioisotope eindringen können („Nanoleakage", PASHLEY, 1994). Ausserdem ist noch unklar, welche klinischen Auswirkungen eine bestimmte Randspaltbreite hat. Rückschlüsse von der Farbstoff-

REM versus Farbpenetration

Sonstige Eigenschaften - Randverhalten in vitro

penetration auf das Haftvermögen und die Füllungsretentionsrate sind noch nicht möglich.

HOFMANN, HUGO, DIETRICH und KLAIBER (1998) untersuchten die Eignung von Geldiffusionsverfahren im Vergleich zur konventionellen Farbstoffpenetration. Ihre Experimente zeigten, daß das Geldiffusionsverfahren eine zerstörungsfreie Alternative zur konventionellen Farbstoffpenetration darstellen.

Eine Reihe von weiteren, neuen technischen Möglichkeiten zur Bewertung des Interfaces zwischen Füllungsmaterial und Kavitätenwand stellten DUSCHNER, ERNST, GÖTZ und RAUSCHER (1995) vor. Dazu zählen die „confocale laser scanning microskopy" (CLSM), die „electron spectroscopy" (XPS) und die „micro–spot analysis with laser mass analysis" (LASMA). So zeigen XPS und LASMA, dass Fluoride anscheinend nicht in den Schmelz einer Kavitätenwand eindringen.

Randverhalten in vitro

HILDEBRAND, SCHRIEVER und HEIDEMANN (1995) prüften in einer In–vitro–Untersuchung das Randverhalten von zervikalen Füllungen mit Ketac–Fil und Dyract an Permanentes und Decidui. Insgesamt 33 menschliche Zähne wurden mit Normkavitäten versorgt, herstellerkonform mit Füllungen versehen und nach kurzer Lagerung einer Temperaturwechselbelastung (5000 Zyklen 5°/55°C) unterworfen. Die Farbstoffpenetration wurde linear ermittelt. Für keines der Füllungsmaterialien ergaben sich signifikante Unterschiede zwischen Milchzähnen und bleibenden Zähnen. Jedoch erwiesen sich die Kompomerfüllungen aus Dyract in beiden Gruppen als deutlich überlegen.

FRIEDL, SCHMALZ, HILLER und MARTAZAVI (1995) untersuchten in diesem Zusammenhang die marginale Adaptation von Kompositfüllungen im Vergleich zu Hybrid–Ionomer/ Komposit–Sandwichfüllungen. Die Überschichtung des langfristig okklusionsinstabilen Glasionomers mit Komposit ist eine der möglichen Alternativen zur Kombination eines Materials mit guter marginaler Adaptation mit einem kaustabilen. Dazu wurden 48 standardisierte Klasse–II–Kavitäten in unterschiedlicher Systematik versorgt. Die Randbereiche der Restaurationen wurden vor und nach einer thermomechanischen Belastung im SEM untersucht. Desweiteren wurde die Farbstoffpenetration vor und nach Thermocycling ermittelt. Die Versuchsergebnisse erbrachten signifikant weniger Randspalten im Bereich des Füllungsmaterial/Dentin–Interface bei Sandwichfüllungen, so zum Beispiel der Kombination (Dyract/Prisma TPH) mit 7,3% gegenüber Scotchbond MP/Z100 (Randspalten 29,6%). Auch nach Thermocycling zeigte die Kompositfüllung aus Z100 unter Verwendung des Dentinbonding–Systems Scotchbond MP signifikant mehr Randspalten, wohingegen die Kombinationen Vitremer/Z100, Dyract/Prisma TPH und ProBond/Prisma TPH sich als relativ unempfindlich erwiesen. Insgesamt erwies sich in der Untersuchung von FRIEDL et al. die Hybridionomer–/Komposit–Sandwichfüllungen aufgrund der guten Randqualität als eine mögliche Alternative zur Kompositverwendung mit Dentinbonding–Systemen (Abb. 65, S. 120).

Mit der Entwicklung niedrigviskőser Kompomermaterialien sind in Zukunft eine Reihe weiterer, vielversprechender Füllungstechniken denkbar. So beschreiben BOTT, HANNIG und GRIESMANN (1997) bzw. HANNIG, BOTT, HÖHNK und MÜHLBAUER (1997) die sogenannte „CbC"–Technik („compomer bonded composite"), die besonders bei zervikoapproximal fehlender Schmelzbegrenzung die Randverhältnisse optimieren soll. Dabei wird ein niedrigviskoser Kompomer–Werkstoff (mit niedrigem E–Modul) mit einem hochviskosen Seitenzahnkomposit (mit hohem E–Modul) überschichtet. In Bezug auf die Gesamtkavität wirkt das Kompomer als Relaxationsfaktor

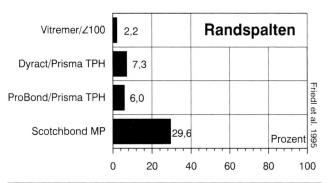

Randspalten bei sogenannten „Hybrid–Restaurationen", Sandwichfüllungen aus Kompomer und Komposit im Vergleich (in vitro).

und übernimmt somit eine Art „Pufferfunktion". Erste in–vitro–Untersuchungen bescheinigen der Technik gute Ergebnisse (Abb. 66, S. 121).

TAGAMI, NIKAIDO, HIGASHI, NAKAJIMA und KANEMURA prüften die Scherhaftfestigkeit und Entstehung von Randspalten. Dyract, Fuji II LC und Vitremer unterschieden sich nicht signifikant im Bindungsverhalten zum (Rinder–) Dentin; Dyract zeigt jedoch die geringste Randspaltbildung (0.23) gegenüber Fuji II LC (0.65) und Vitremer (0.5). Die Untersuchung ergab übrigens keine Korrelation zwischen Scherhaftfestigkeit und Randspaltformation. An menschlichen Molaren führten TRIANA, PRADO, LLENA, FORNER, GARRO und GARCIA–GODOY (1994) eine ähnliche Untersuchung durch. Sie ermittelten für Dyract eine signifikant höhere Haftkraft (21,14 MPa) als bei allen anderen getesteten Materialien (Fuji II LC, 15,96 MPa; Vitremer, 9,7 MPa; Variglass, 13,48 MPa).

LÖSCHE, LÖSCHE und ROULET (1996) untersuchten diverse Füllungsmaterialien bezüglich ihres Randverhaltens in vitro. Schmelz– und Dentinränder wurden vor und nach einer thermischen Wechselbelastung (2000 Zyklen 5°/55°) im REM ausgewertet.

Sonstige Eigenschaften - Randverhalten in vitro

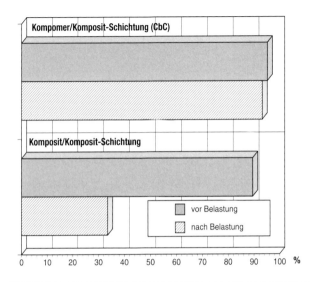

In vitro–Ergebnisse von Sandwichfüllungen zwischen Flowables (Komposit oder Kompomer) und Füllungskomposit. Angegeben ist der prozentuale Anteil perfekter Ränder.   66

Im Schmelz ergaben sich vor Temperaturwechselbelastung kontinuierliche Ränder zwischen 88,7% (Ketac–Fil) und 94,6% (Herculite) der Füllungen, wobei Dyract aufgrund eines signifikant höheren Anteils an Schmelzrandfrakturen nur einen Wert von 79,6% erreichte. Nach der TWB blieben die Werte für die lichthärtenden Glasionomere und die Kompomere nahezu konstant. Dagegen verschlechterten sich KetacFil (73,4%) und Herculite (85,2%) deutlich. Im Dentinbereich zeigten vor TWB Fuji II LC die höchsten Werte, gefolgt von Vitremer, Dyract, Ketac–Fil. Photac–Fil, Compoglass und Herculite hatten die schlechtesten Werte an kontinuierlichem Rand. Nach Temperaturwechselbelastung zeigten Fuji II LC, Vitremer und PhotacFil die besten Werte, gefolgt von Dyract,

Sonstige Eigenschaften - Bruchfestigkeit und Rückstellvermögen

Compoglass, Ketac–Fil und Herculite. Wichtig erscheint, dass Herculite/Optibond, das sich als Kombination bei der Restauration von Klasse–V–Kavitäten bewährt hat, in der Indikationsklasse III keine Referenz darstellt. Hierbei spielt vielleicht die Schrumpfungsproblematik aufgrund der größeren Füllungsvolumina eine entscheidendere Rolle. Eine effiziente Dentinhaftung wird durch eine rasch ablaufende Polymerisationsschrumpfung beeinträchtigt, zumal bei lichthärtenden Kompositen ein Abbau innerer Spannungen durch Fließen kaum möglich und bei Klasse–III–Kavitäten aufgrund des ungünstigen C–Faktors zusätzlich eingeschränkt ist. Bei lichthärtenden Glasionomerzementen und Kompomeren ist der Schrumpfungsstress deutlich geringer als bei Hybridkompositen (ERICKSON, GLASSPOOLE 1994). Auch die Wasseraufnahme spielt wohl eine Rolle.

Bruchfestigkeit und Rückstellvermögen

In einer in–vitro–Untersuchung prüften WATTS und CASH (1995) die Spannungskurve von Dyract, Fuji–II–LC, Chemfil Superior und TPH. Das Kompomer zeigte eine akzeptable Bruchfestigkeit, die im Bereich der Komposits lag und etwa Faktor drei der Glasionomerzemente betrug.

Einfluss von wässrigem Milieus

Auch FRITZ, FINGER und UNO (1995) beschäftigten sich mit dem Einfluss der Langzeitlagerung in Wasser auf die Verbundkräfte von vier kunststoffmodifizierten und einem konventionellen Glasionomerzement bzw. einem Komposit–System mit Dentin– und Schmelzbonding. Nach Einlagerung der präparierten und gefüllten Zähne für 1 Tag, 1 Woche, 1,3 und 6 Monaten in auf 37° C temperiertes Wasser wurden die Proben einer Scherbelastung unterworfen. Die Haftung am Dentin unterlag auch nach Wasserlagerung im Falle von DYRACT, FUJI II LC und GLUMA/PEKAFILL keiner größeren Einschränkung (im Gegensatz zu erheblichem Verlust bei

KETAC FIL). Haftkräfte von Photac–Fil zum Dentin waren nicht feststellbar. Grundsätzlich scheint aber die Kunststoffmodifikation von Glasionomerzementen einen positiven Effekt auf die Hafteffizienz an Schmelz und Dentin zu haben.

In einer ähnlichen Untersuchungreihe prüften die Autoren (UNO, FINGER, FRITZ 1996) die mechanische Langzeitcharakteristik von PhotacFil, Fuji–II–LC, Vitremer, Dyract, KetacFil im Vergleich zum Referenz–Komposit Pekafill. Produktproben wurden vor und nach Wasserlagerung hinsichtlich ihrer diametralen Zugfestigkeit und Oberflächenhärte (Eindringtest) unterzogen. Die Zugfestigkeit des konventionellen Glasionomerzements war am niedrigsten, die des Komposits am höchsten. Durch Wasserlagerung nahm die Zugfestigkeit während des ersten Monats ab, um dann bis zum Versuchsende nach 6 Monaten konstant zu bleiben. Dyract grenzte sich gegenüber den anderen kunststoffmodifizierten Glasionomerzementen deutlich ab und ähnelte hinsichtlich seiner diametralen Zugfestigkeit eher dem untersuchten Komposit.

LAVIS, PETERS, MOUNT (1995) stellten in ihren Untersuchungen an Dyract fest, dass die Löslichkeit des Materials (Gewichtsveränderung) in Abhängigkeit vom Lösungsmedium steht. In destilliertem, demineralisiertem Wasser wie auch im leicht sauren Medium (pH7, pH5) nahmen die Dyract–Proben während zwei bis fünf Wochen an Gewicht zu, um dann bis zum Untersuchungsende in der 16. Woche unter das Ausgangsgewicht zu fallen. Auch die Fluoridfreisetzung hatte eine Spitze nach etwa 1 Woche (ca. 5 ppm), um dann weitestgehend konstante Werte zu zeigen (1 –2 ppm). Lediglich die Proben in pH3–Medium verhielten sich grundsätzlich anders: sie verloren schon in den ersten beiden Wochen rapide an Gewicht (deutliche Oberflächendesintegration im SEM), zeigten aber auch

Sonstige Eigenschaften - Oberflächenveredelung

eine massiv höhere Fluoridfreisetzung (46 ppm) fast über die gesamte Versuchsdauer.

Den Einfluss unterschiedlicher saurer Getränke anstelle des internationalen Standards (Wasser, 0,001 N Milchsäure) untersuchten SCHEUTZEL und ORDELHEIDE (1996) in einer profilometrischen Analyse. Nach 3stündiger Exposition in saure Getränke zeigten alle Füllungsmaterialien mit Ausnahme der Keramiken und Ceromere signifikanten Materialverlust. Glasionomere lagen im Bereich von 2.0 – 125,4 μm, Kompomere bei 0.2–1.9 μm, Komposite bei 0–1.1 μm. Silikophosphatzemente wiesen den höchsten Substanzverlust auf (3.9 – 172,1 μm). Dabei hatte Zitronensaft das höchste erosive Potential, Buttermilch und Mineralwasser zeigten eine nur geringe Wirkung. Die Expositionszeit hatte signifikante Bedeutung.

Mit der Rolle von pH–Wert und Einwirkungszeit bei der Degradation der Kompomeroberfläche beschäftigte sich eine Untersuchung von WATTS, BERTENSHAW und JUGDEV (1995). Sie ermittelten in ihrem in–vitro–Versuch, dass die Oberflächenintegrität von Dyract unter neutralen Konditionen exzellent blieb (Untersuchungszeitraum 3 Monate); im sauren Milieu war die Oberfläche jedoch sichtbar erweicht bei gleichzeitigem Verlust struktureller Ionen (Al, F,Sr, Si, Ca, Ba, P) aus der Glasphase.

Oberflächenveredelung   Die Oberflächenbearbeitung eines Füllungsmaterials ist ein wichtiger Faktor zur langfristigen Vergütung einer Füllung. Vergleichende Untersuchungen zu erzielbaren Rauhtiefen bei verschiedenen lichthärtenden Glasionomer–Füllungsmaterialien führte JUNG (1995) durch. Dabei wurden aus vier verschiedenen Füllungsmaterialien Probenkörper hergestellt und mit rotierenden Instrumenten und flexiblen Disks bearbeitet. Die resultierenden Oberflächen wurden quantitativ–profilometrisch ausgewertet (Abb. 67, S. 125).

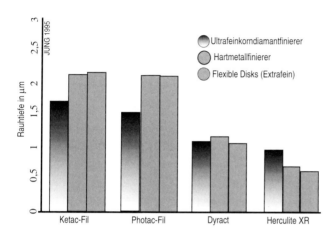

Ergebnisse einer Rauhtiefenbestimmung an Materialproben bei Verwendung unterschiedlicher Ausarbeitungssysteme 67

Die statistische Aufbereitung des Datenmaterials ergab für Ketac–Fil bzw. Photac–Fil die rauhesten Oberflächen. Dyract hingegen lieferte als Vertreter der Kompomer–Klasse eine deutlich glattere Oberfläche. Statistisch signifikante Unterschiede zum Feinpartikelhybridkomposit Herculite XR bestanden bei Verwendung von Diamantfinierern zur Oberflächenbearbeitung nicht. Zusätzliche Auflicht-

mikroskopische Untersuchungen der Proben machten die inhomogene und schollige Oberfläche der Produkte Ketac–Fil und Photac–Fil deutlich, wobei eine beträchtliche Zahl an Poren die Oberflächenqualität weiter herabsetzte. Dyract und Herculite XR dagegen zeigten eine ähnliche homogene und porenfreie Oberfläche. Folglich scheint die Applikationsform der Füllungsmaterialien (Dyract: Fer-

Sonstige Eigenschaften - Oberflächenveredelung

tigprodukt in Karpulen) eine grosse Rolle für die Oberflächengüte zu spielen. Die Ausarbeitung mit Diamantfinierern scheint bei Kompomeren zu den besten Ergebnissen zu führen.

Der Zeitpunkt der Oberflächenendbearbeitung und der damit Zusammenhang stehende Einfluss auf die Randspaltbildung war Gegenstand einer Studie von LIM, NEO, YAP und CHAN (1995). Dabei verglichen sie ein sofortiges und ein verzögertes Finieren von Fuji II LC und Dyract-Füllungen. Die standardisierten Kavitäten von 24 extrahierten Prämolaren wurden entsprechend den Empfehlungen der Hersteller versorgt und sofort bzw. nach einer Woche ausgearbeitet. Nach 500fachem Thermocylcling wurde eine Randspaltanalyse durch Farbpenetration und mikroskopischer Vermessung durchgeführt. Für das Fuji II LC-Material ergaben sich nur nach verzögerter Ausarbeitung bessere Randverhältnisse im Schmelz als beim Kompomer. Die Schmelzverhältnisse waren insgesamt besser als die Randqualität im Dentin. Bei sofortiger Ausarbeitung im Dentinrandbereich war Dyract die bessere Materialalternative im Vergleich mit Fuji II LC.

Auch WATTS und CASH (1994) stellten zwischen Dyract bzw. TPH einerseits und Fuji II LC bzw. Chem–Fil superior andererseits deutliche Unterschiede in der Oberflächenrauhigkeit nach initialer Politur bzw. nach chemischer und mechanischer Belastung fest. In diesem Zusammenhang sei die Untersuchung von WILLERSHAUSEN, CALLAWY, ERNST und STENDER erwähnt, die den Einfluss eines Oberflächenlacks (Optiguard/Kerr) auf die Beschädigung der Oberfläche durch die orale Bakterienflora untersuchten. Dazu wurden diverse Proben von Charisma, Dyract und Pertac herstellerkonform verarbeitet, teilweise mit einem Lack überzogen und für fünf Wochen mit S.–mutans– oder A. naeslundii –Kolonien bebrütet. Die Probenoberflächen wurde einer SEM–Untersuchung unterzogen und die Oberflächenrauhigkeit mit einem Perthometer ermittelt. Die Bakterien hafteten sehr gut an den Probenoberflächen. Die Säureproduktion der Flora (S. mutans 40 mM Milchsäure/Tag; A. naeslundii 25 mM Milchsäure/Tag und 1 mM Azetat/Tag) wurde nicht von den Proben beeinflusst. Die Streptokokken wurden als aggressiver klassifiziert. Das getestete Kompomer schien eine geringere Widerstandskraft zu besitzen als die beiden Komposits. Die oberflächliche Lackschicht war (aufgrund der Feuchtigkeit) von den Proben verschwunden; die durch Säureätzung vorgeschädigte Probenoberfläche wurde stärker als die unbehandelte Oberfläche durch die Bakterienwirkung desintegriert. Insgesamt hat die Lackierung also bei Verlust des Lacks einen negativen Effekt auf die Oberfläche.

Sonstige Eigenschaften - Oberflächenveredelung

11 Klinische Anwendung

11.1. Klinischer Ablauf

Folgender klinischer Ablauf empfiehlt sich (Bild 68, S. 129; Bild 70, S. 131):

1. Reinigung des Zahnes (Bimsmehl, Prophylaxepaste und Kelch)
2. Farbauswahl
3. Präparation (wenig invasiv, ohne mech. Retentionen)
4. Schmelzätzung (optional)
5. Pulpenschutz/Unterfüllung
6. Applikation des Primers (evtl. zwei Schichten)
7. Trocknung, Lichthärtung
8. Applikation von Dyract, Lichthärtung
9. Politur

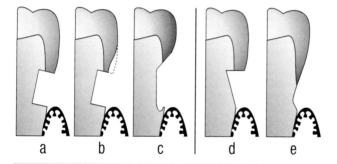

a b c d e

Präparationsmöglichkeiten für Zahnhals–Restaurationen. Während die Formen a und b eher beim Amalgam Anwendung fanden, die Form c bei Verdacht auf Versagen der zervikalen Retention, empfehlen sich für Kompomere Präparationen wie in Bild d oder e als substanzschonende Oberflächenmodifikationen. Zusätzliche Anschrägungen sind empfehlenswert, wenn die ästhetischen Ansprüche hoch sind. 68

Im Bereich der Kavitätenklasse V ist aufgrund der Genese der Defekte eine unterschiedliche klinische Abfolge empfohlen (BLUNCK, 1996). Bei nicht kariösen Zahnhalsdefekten im Sinne von keilförmigen Defekten

Präparation

Klinische Anwendung - Präparation

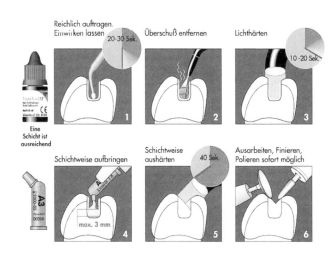

Klinik im Überblick: Das Primer-/Adhäsivgemisch wird in ausreichender Menge für 20 bis 30 Sekunden auf den Zahn aufgetragen, anschließend verblasen und lichtgehärtet. Bei einigen Adhäsiven muß der Vorgang wiederholt werden; für Prime&Bond NT ist eine einmalige Schichtung vom Hersteller als ausreichend bezeichnet worden. Anschließend wird das Kompomer appliziert (max. Schichtstärke beachten!) und gehärtet. Die Aushärtungszeit sollte eher 60 Sekunden betragen, da damit die Werkstoffeigenschaften nochmals verbessert werden können. Die übliche Ausarbeitung und Politur beschließt den Füllungsvorgang.

oder Erosionen kann auf eine Präparation zur Schaffung von Retentionen und Unterschnitten im Dentin verzichtet werden. Ein „Anfrischen" der Dentinoberfläche erhöht die Wirksamkeit von Dentinhaftmitteln wesentlich, da sich bei sklerotischem Oberflächendentin eine weniger ausgeprägte Hybridschicht erzeugen lässt (GWINNETT, KANCA 1992; VAN MEER-

BEEK, BRAEM, LAMBRECHTS, VANHERLE 1994). Die Präparation einer schmalen zervikalen Stufe im Sinne einer deutlichen Begrenzung des Kavitätenrands (Slot, Box only) hilft, Überschüsse zu vermeiden. Im Prinzip kann jedoch bei keilförmigen Defekten und Erosionen auf jegliche Präparation verzichtet werden. Die für Glasionomerzemente entwickelten Minimalforderungen von

Klinische Anwendung - Präparation

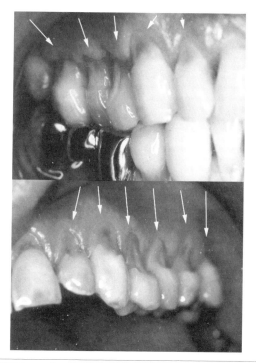

Klinik der Kompomerrestauration (I): Der Patient stellte sich vor mit multiplen Läsionen im Zahnhalsbereichs des Oberkiefers, anamnestisch ergaben sich Hinweise auf eine 4-5fache tägliche Reinigung mit einer elektrischen Zahnbürste (Oral B Plaque Control). Alles weist auf Putzusuren hin, kariöse Oberflächen konnten nicht festgestellt werden.

70

1,5–2 mm Materialstärke gelten für Kompomere nicht. Ebenfalls verzichtet werden kann auf eine makromechanische Retention (gefordert für Glasionomerzemente wie auch für Hybrid–Glasionomerzemente), gefordert ist ein mikromechanisches Kavitätendesign.

Klinische Anwendung - Präparation

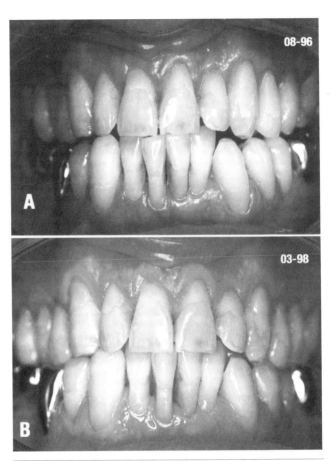

Klinik der Kompomerrestauration (II): Die Kavitäten wurden oberflächlich gereinigt, das Dentin angefrischt und mit Phosphorsäure für 15 Sekunden geätzt. Eine Abschrägung wurde nicht vorgenommen. Die Kavitäten wurden anschließend mit Dyract entsprechend den Herstellerangaben gefüllt. Abb. A. zeigt den Zustand unmittelbar nach Füllungstherapie, Abb. B. den klinischen Befund nach 19 Monaten. Nach der Füllungstherapie wurde der Patient mundhygieneinstruktorisch motiviert. Die Füllungen sind auch nach 19 Monaten ästhetisch zufriedenstellend und ohne weiteren therapeutischen Befund. Hypersensibilitäten traten trotz der tiefen Kavitäten und fehlender Cp–Therapie nicht auf.

71

Auch HALLER und GÜNTHER (1998) befassten sich mit der Randqualität von Klasse–II–Kompomerfüllungen, wobei sie insbesondere der Frage nach der Kavitätenrandgestaltung und der Matrizentechnik für schmelzbegrenzte Klasse–II–Kavitäten nachgingen. In ihrer in–vitro– Untersuchung prüften sie Kasten– und Bevelpräparation in Kombination mit Metall– und Transparentmatrize im Rahmen einer quantitativen REM– Randanalyse vor und nach Temperaturwechselbelastung und Farbstoffpenetration. Vor Thermocycling wiesen die zervikalen und lateralen Ränder unabhängig von der Kavitätenform und der Matrizentechnik mehr als 95% defektfreie Ränder auf. Dieser Anteil sank nach dem ersten Thermocycling auf 58–68% und nach fünfmonatiger Wasserlagerung mit zwei zusätzlichen Thermocycling– Durchgängen auf 18–43% ab. Angeschrägte Ränder wiesen im bukkalen und lingualen bereich mehr defektfreie Randanteile auf. Eine Anschrägung bewirkte an lateralen Rändern eine signifikante Verringerung der Schmelzrandfrakturen, wobei jedoch die Rate der Kompomerrandfrakturen stieg. Die klinische Bedeutung dieser Randfrakturen ist jedoch noch unklar, wobei jedoch nicht unerwähnt bleiben sollte, dass bei Spalten innerhalb des Füllungsmaterials keine Sekundärkaries entstehen kann. Steht der ästhetische Anspruch im Vordergrund, so sollte auf eine Anschrägung nicht verzichtet werden. In diesem Zusammenhang sei aber auf die von Herstellern dann als obligat empfundene Ätzung im Randbereich hingewiesen. Dies gilt besonders, je mehr die Charakteristik des Kompomermaterials sich denen eines Komposits annähert.

Die Matrizentechnik hatte keinen Einfluss auf die Ergebnisse – Füllungen mit Compoglass können ohne Nachteil mit Metallmatrize und Holzkeil gelegt werden. Die als Vergleich zum Kompomer (Compoglass/SCA) herangezogenen Kompositfüllungen (Tetric/SCA) erwiesen sich im Belastungstest bezogen auf die Randqualität als deutlich überlegen, falls eine Säureätzung vorgenommen wurde. Bei Kompositfüllungen ohne SÄT fanden sich die stärksten Farbstoffpenetrationen. Es ist also nicht möglich, Füllungen mit höherwertigem Material (Feinpartikel–Hybridkomposit statt Kompomer), aber mit vereinfachter Adhäsivtechnik (Einkomponenten– Adhäsiv ohne Schmelzätzung) zu legen (HALLER, 1998).

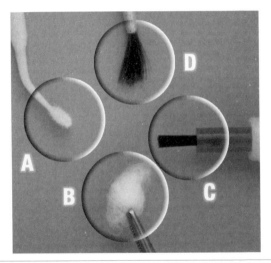

Die Applikation des Primer– bzw. Adhäsivs kann mit Einwegpinseln (C) oder Wattepellet (B) erfolgen. Als besonders vorteilhaft hat sich jedoch das Applikatorbürstchen (A) erwiesen, da es eine größere Menge Adhäsiv aufnehmen und wieder abgeben kann. Aus hygienischen Gründen verbietet sich die Anwendung von Mehrwegpinseln, zumal alle Adhäsive nach der Verdunstung Reststoffe hinterlassen (D).

72

In einer weiteren Untersuchung prüften HALLER und WALTER (1998) den Einfluß von Matrize (Transparentmatrize/ Lichtkeil; Transparentmatrize/Holzkeil; Metallmatrize/Holzkeil) und Technik (3-Schicht-Umhärtungstechnik; 3-Schicht-Schrägschichtung; 3-Schicht-Horizontalschichtung) auf die

Randqualität von Herculite XRV/Optibond FL-Füllungen. Weder das verwendete Restaurationssystem noch die Verwendung von Lichtmatrizen/ Lichtkeilen hatte einen signifikanten Einfluss auf die Randqualität. Füllungen mit Total Bonding zeigten geringfügig bessere Werte als Füllungen mit selektivem Bonding.

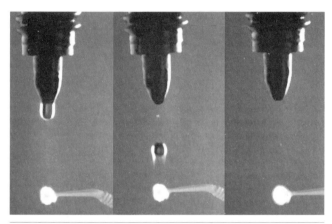

Die direkte Applikation des Adhäsivs aus einer Tropfflasche wird von uns bevorzugt. Dabei sollte die Flaschenöffnung den Applikationstip nicht berühren; dies ermöglicht optimale Tropfengrößen und verhindert die Kontamination der Flasche. 73

Die Trockenlegung des Arbeitsfelds ist ein zwischen universitären und niedergelassenen Zahnärzten umstrittenes Ziel, das zumindestens im Zusammenhang mit der Kompositanwendung massive Differenzen zwischen Wunsch und Wirklichkeit erkennen lässt. Unumstritten ist in jedem Falle die Tatsache, dass eine Benetzung konditionierter Zahnoberflächen mit Speichel, Blut oder Sulkusfluid zu einer Verminderung der Oberflächenenergie der vorbehandelten Schmelz– und Dentinbereiche führt und damit die Adhäsion des Füllungsmaterials gefährdet. Der Schutz vor Verunreinigungen kann durch relative Trockenlegung (Watterollen,

Kautelen

Assistenz), besser aber durch absolute Trockenlegung (Kofferdam) erfolgen. Jedoch machen Restaurationen am Zahnhals die Kofferdamanwendung schwieriger und aufwendiger als im approximalen Bereich. Auf Methoden zur modifizierten Lochung des Kofferdamgummis, spezielle Klammern, besondere Zahnhalsmatrizensysteme, transparente Zervikalmatrizen (BLUNCK, 1996) oder Sealing–Materialien sein verwiesen. Nach HIKKEL (1996) ist der mögliche Verzicht auf Kofferdam ein wesentlicher Faktor für die hohe Akzeptanz der Kompomere. Die Forderung nach absoluter Trockenlegung (wie vor 20 Jahren publiziert) trifft bei modernen Dentinadhäsiven mit hydrophilen Primern und Wet–Bonding–Prinzip heute sicherlich in dieser Form nicht mehr zu. Es erscheint demnach weniger als Frage des Füllungsmaterials, sondern als Frage der klinischen Situation, ob Kofferdam erforderlich ist oder nicht.

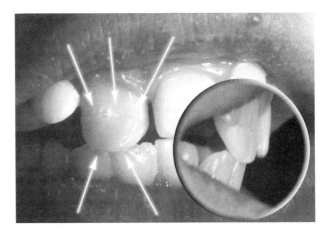

Klinik der Kompomerrestauration (III):
Der Patient stellte sich vor mit einem frontalen umgekehrten Überbiß an 11. Der Zahn wurde geätzt, mit einer zweifachen Schicht Prime&Bond 2.0 versehen, bevor manuell ein frontaler Jig modelliert wurde. Innerhalb von 2 Wochen konnte die Überstellung des Zahnes erreicht werden; die Dyract–Restauration war ohne Probleme in situ und hielt den immensen Belastungen stand.

Ätzung

Die Frage der Schmelz– und Dentinätzung ist unter der Zielsetzung einer möglichst optimalen Füllungsadhäsion zu beantworten. Demnach weisen die vorliegenden wissenschaftlichen Daten darauf hin, dass eine Ätzung zur Erreichung klinisch zufriedenstellender Ergebnisse nicht nötig ist, die Retentivität und Langzeitergebnisse aber durch eine Ätzung verbessert werden (BLUNCK, 1997). Für das als Nachfolge des Dyract–PSA–Systems inaugurierte Prime&Bond 2.0 wird vom Hersteller eine unterschiedlich lange Ätzzeit für Schmelz bzw. Dentin empfohlen. Im Schmelz muss ein sichtbares Ätzmuster vorhanden sein (milchig–trübe Veränderung der Oberfläche), im Dentin führt dagegen eine ebensolange Konditionierung mit 35%iger Phosphorsäure in der Regel zum Kollabieren des freigelegten Kollagennetzwerks, so dass die empfohlene Ätzzeit auf 15 Sekunden vermindert wurde. Auch eine extensive Trocknung nach dem Absprühen der Säure führt zur Schädigung des freigelegten Kollagennetzwerks. Die Dentinoberfläche sollte noch „leicht feucht" erscheinen. Diese Technik des „wet bonding" ist jedoch diffizil und beruht zur Zeit noch auf subjektiver Einschätzung durch den Behandler (SCHNEIDER, 1996). In einer Untersuchung von SAUNDERS (1996) wird für „wet bonding" eine Trocknungszeit von zwei Sekunden mit leichtem Luftstrom angegeben, für „dry bonding" von 15 Sekunden.

HICKEL (1996) berichtet über eigene in–vitro–Untersuchungen (Klasse V), die bei zusätzlicher Schmelzätzung einen besseren Randschluss des Kompomers zum Schmelz bei geringfügiger Verschlechterung des Randschlusses in benachbarten dentinbegrenzten Arealen ergaben.

Die Schädigung einer gesunden Pulpa durch eine Säurebehandlug des Dentins kann ausgeschlossen werden (PASHLEY, 1992).

Klinische Anwendung - Ätzung

CORTES, GARCIA–GODOY und BOJ befassten sich mit der Schertestigkeit des Verbunds zwischen kunststoffverstärkten Glasionomer–Zementen und geätztem bzw. ungeätztem Schmelz. Auf geätzter Schmelzoberfläche boten Fuji–II–LC und Dyract eine deutlich höhere Scherhaftfestigkeit als PhotacFil. Während der Verbund vor allem kohäsiv (d.h. im Material) brach, löste sich bei ungeätztem Schmelz das Material überwiegend adhäsiv. PhotacFil zeigte unabhängig von der Schmelzvorbehandlung immer adhäsive Brüche. Zur Konditionierung des Schmelzes wurde in dieser Testreihe jedoch nur 10%ige Phosphorsäure verwendet. Auch BUCHALLA, ATTIN und HELLWIG (1996) bzw. FRANKENBERGER, SINDEL und KRÄMER (1996) propagieren die Anwendung der Schmelz–Ätztechnik. LAMBRECHTS (1996) weist in ausführlicher Darstellung daraufhin, dass eine agressivere Säure die Gefahr der mangelhaften Oberflächenkonditionierung an Zähnen mit sklerosiertem Dentin mindert.

- Kaukrafttragende Füllungen der

REINHARDT (1995) warnt aufgrund eigener in–vitro–Untersuchungen davor, auf eine Säureätzung generell zu verzichten. Eine Indikation zur Ätzung sei vor allem bei ausgedehnten Klasse I–Füllungen gegeben. Auch KIELBASSA, WRBAS, SCHALLER und HELLWIG schließen sich der Empfehlung an, kontaminierten Schmelz stets durch eine Ätzung zu reinigen. Sie untersuchten in einem Laborversuch den Einfluß der Oberflächenkontamination auf die Haftkraft von Compoglass bzw. Dyract in Kombination mit SCA/Syntac bzw. PSA/Prime&Bond2.1. Dabei zeigten die Proben, die mit Speichel kontaminiert waren, die geringsten Haftwerte (Scherhaftung), gefolgt von unbehandelter Oberfläche, Olivenöl und Orangensaft. Phosphorsäurekonditionierte Oberflächen wiesen die höchsten Haftwerte auf.

DENTSPLY bezeichnet im Zusammenhang mit neuesten Untersuchungen über die Verwendung von Dyract AP in den Indikationen

Klasse I und II

Klinische Anwendung - Schichtstärke und Lichthärtung

- Klasse IV
- Dünn auslaufende Ränder im Schmelz

eine Ätzung als empfohlen (GRÜTZNER, 1998). Die Ätzzeit im Schmelz soll bei der Verwendung vom 36%iger Phosphorsäure bei mindestens, für Dentin bei höchstens 15 Sekunden liegen.

Zur Frage der maximalen Schichtstärke bei der Applikation des Materials werden für das Kompomer Dyract die Empfehlungen des Herstellers in der Literatur bestätigt. Demnach sollten die einzeln applizierten Schichten nicht mehr als 3 mm dick sein. Andere Autoren nennen einen Maximalwert von 2 mm (BLUNCK, 1996). Eine Lichthärtung von wenigstens 40 Sekunden ist empfohlen (BELL, 1994). Die verwendete Polymerisationslampe sollte eine Mindestleistung von 300 mW/cm^2 besitzen. Entsprechende Einrichtungen zur Überprüfung sollten zur Verfügung stehen, da erfahrungsgemäß die Lichtleistung von Polymerisationslampen mit der Gebrauchszeit nachlässt.

Schichtstärke und Lichthärtung

Zur Ausarbeitung und Politur von Kompomermaterialien werden die bekannten Systeme der Komposit–Technik empfohlen. Dabei kommen Feinstkorndiamanten (zum Beispiel Composhape, INTENSIV), Scheiben und Streifen (Soflex, 3M), aber auch Skalpelle zum Einsatz. Im approximalen Bereich helfen Strips oder Systeme wie EVA bei der Ausarbeitung. Wir streben jedoch in der Regel eine primär glatte, kaum noch nachzubearbeitende Oberfläche an, was meist die Verwendung und sorgfältigste Fixierung von Kunststoffstrips notwendig macht. Je mehr Zeit in die primäre Konturierung investiert wird, umso mehr Zeit spart man bei der Ausarbeitung, zumal nachträgliche Bearbeitung aufwendiger ist.

Ausarbeitung und Politur

Klinische Anwendung - Ausarbeitung und Politur

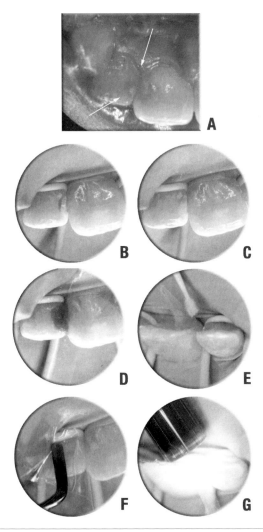

Klinik der Kompomerestauration (IV): Eine approximale Karies an 12 (Spiegelaufnahme) muß versorgt werden. Die Kavität wird mit Diamantschleifern primärpräpariert (B); die Kariesexkavation erfolgt mit Rosenbohrer (C).

75

Klinische Anwendung - Ausarbeitung und Politur

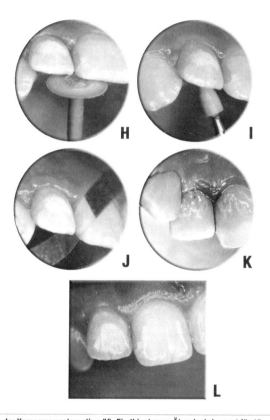

Klinik der Kompomerrestauration (V): Ein thixotropes Ätzgel wird zuerst für 15 Sekunden auf den Schmelz appliziert (D), dann weitere 15 Sekunden auf das Dentin extendiert. Mit einem Einwegpinsel wird Prime&Bond aufgebracht und nach 20–30 Sekunden Einwirkzeit verblasen (E). Eine 20sekündige Härtung folgt. Dieser Bondingprozess sollte bei Prime&Bond 2.0 bzw. 2.1. nochmals wiederholt werden; bei Prime&Bond NT ist dies nur in Ausnahmefällen nötig. Unter Zuhilfenahme eines Kunststoffstrips wird die aus der Kompule applizierte kavitätenadäquate Kompomermenge unter Druck eingebracht (F). Die Füllung wird für 60 Sekunden von allen Seiten lichtgehärtet (G). Die Ausarbeitung erfolgt mit Diamantfeinstkornfinierer, belegten Scheiben (H) oder Gummipolierern (I). Approximale Überschüsse können mit Polierstrips geglättet werden, sofern dies notwendig erscheint (J). Unmittelbar nach Füllungstherapie mag das Zahnfleisch noch gereizt sein (K)– kurze Zeit später bestätigt sich aber das hervorragende klinische Ergebnis. (L)

Klinische Anwendung - Übersicht

11.2. Indikationen

Übersicht

Kompomere sind in der Regel indiziert für

- Klasse V
- Klasse III
- Klasse I und II bei Milchzähnen
- Klasse I und II (mit u.a. Einschränkungen und Materialien).

Da aufgrund des Medizinproduktgesetzes in diesem Zusammenhang den Herstellervorgaben entscheidende Bedeutung zukommt, diese wiederum im Rahmen der Produkthaftung wohl einer strengen firmeninternen Prüfung unterliegen sollten, ist den Empfehlungen der Hersteller in aller Regel Folge zu leisten. Für diverse Kompomer–Materialien ergeben sich deswegen einige Indikationsänderungen gegenüber den zurückhaltenden generellen Indikationen.

GRÜTZNER und PFLUG (1998) fassen die Herstellerangaben tabellarisch zusammen (Tabelle 77 auf Seite 142). Dyract AP (DENTSPLY) und

Material	I, II ohne Okkl.	I, II mit Okkl.	III	IV	V	Milch–zähne	Unter–füllg.	Stumpf–aufbau	Inter–mediär
Compoglass	–	–	+	–	+	+	–	–	+1
Compoglass F	–	–	+	–	+	+	–	–	+1
Dyract	+	–	+	–	+	+	+	+2	+
Dyract AP	+	+3	+	+	+	+	+	+2	+
Elan	+	+	+	+	+	+	–	–	+
F–2000	–	–	+	–	+	+	+	+4	+
Hytac	–	–	+	–	+	+	–	–	+1
Io–merz	–	–	+	–	+	+	–	–	–

Anmerkungen: 1 – Klasse I/II; 2 – Nicht für Vollkeramikkronen; 3 – Nicht für sehr große I/II (>2/3 Interkuspidal) 4 – Wenn Rest der Zahnkrone vorhanden ist

Anwendungsbereiche von Komperfüllungsmaterialien (Herstellerangaben)   77

Elan (KERR) sind derzeit die einzigen Materialien, die für alle Kavitätenklassen indiziert sind, wobei Dyract AP ausdrücklich auch zur Herstellung kaukrafttragender Seitenzahnrestaurationen empfohlen wird. Zu beachten ist, daß das Material bei sehr großen Kavitäten, deren Breite 2/3 des Interkuspidalabstands überschreitet, nicht eingesetzt werden sollte.

Im Bereich der Milchzähne sind Kompomere ein definitives Restaurationsmaterial, da sich ihre initiale Polymerisationsschrumpfung kaum auswirken kann. In diesen Fällen ist auf jeden Fall ein Total Bonding (flächige Verklebung) empfohlen. Kompomere sind zum vollwertigen Ersatz des Amalgams bei der Milchzahnversorgung geworden (PETSCHELT, 1995; SVPRZ/SSO 1995).

Im Zusammenhang mit der gerade in Deutschland sehr intensiven Diskussion um die Frage eines potentiellen Amalgamersatz- bzw. Amalgamaustauschmaterials (SCHNEIDER, 1995) werden die Kompomere noch zurückhaltend beurteilt. Vor einer generellen Empfehlung, Kompomere als Amalgamersatz zu betrachten, wird ausdrücklich gewarnt (BLUNCK, 1996). Jedoch weisen hohe Verkaufszahlen und klinische Erfahrungen darauf hin, dass die Indikationsstellung in der Praxis breiter gesehen wird (HALLER, 1998).

KREJCI (1993) weist ausdrücklich darauf hin, dass ein Amalgamersatz auch die sozioökonomische Komponente berücksichtigen muss, also gleiche technische Voraussetzungen, gleiche Kosten und ein ähnlich mangelhaftes Prophylaxeumfeld tolerieren muss.

Milchzahndentition

Der Einsatz der Kompomere im Bereich der Milchzähne hat sehr schnell aufgrund der sehr positiven Erfahrungen, aber auch der Unzulänglichkeit bisher inaugurierter Materialien (Amalgam {4-Jahresüberlebensrate von 55% (PIEPER, 1991) bis 11% (BRAFF, 1975)}, Glasionomerzemente, Cermete) zugenommen. BLUNCK (1996) zog das eindeutige Resümme, dass sich die Kompomere in dieser Indikation bewährt haben. Klinische Untersuchungen zeigen positive Ergebnisse, auch wenn immer wieder auf die im Vergleich zu Kompositen geringere Abrasionsstabilität hingewiesen wird. Jedoch wiesen gerade Kompositfüllungen an Milchmolaren in Nachuntersuchungen zwischen 42% Randspalten und bis zu 58% Sekundärkaries auf. 95% der Kompositrestaurationen an Milchzähnen zeigten Fehlkonturierungen oder Oberflächenimperfektionen (VARPIO, WARFVINGE, NOREN 1990).

Hier spielen mikrostrukturelle und morphologisch-anatomische Besonderheiten des Milchzahnes gegenüber dem bleibenden Zahn eine besondere Rolle (KÜNZEL 1979). Die Abrasion der Milchmolaren ist vor allem vor dem Durchbruch der 6-Jahr-Molaren (Nutzphase des Milchgebisses) wegen des geringeren Mineralgehalts und einem grösseren Porenvolumen des Schmelzes höher als bei den bleibenden Seitenzähnen (SILVERSTONE, 1970). Wird die In-vivo-Abrasion in Relation zur Zahnhartsubstanz gemessen, erscheint eine Vorgabe von 50 µm Abrasion pro Jahr (ADA) als durchaus sinnvoll. Als strukturelle Eigenart der Milchzähne wird in der Literatur weiterhin angegeben, dass der Oberflächenschmelz prismenfrei sei, so dass bei der Säurekonditionierung kein retentives Mikrorelief entstehen kann.

Weitere disponierende Faktoren, unter anderem aufgrund des Mundgesundheitsverhaltens von Kindern, der oftmals diffizilen physischen und mentalen Reife, aber auch des sozialen Umfelds kommen hinzu (BORUTTA, 1996). Ausserdem hat die Funktion und die Erhaltung der Milchzähne in Deutschland nach wie vor eine geringe Geltung. Darauf weist der vor allem im Milchgebiss bundesweit extrem niedrige Sanierungsgrad hin, wobei der Anteil unversorgter Läsionen umso höher ist, je jünger die Patienten sind (KRÄMER, 1996). In Abhängigkeit vom kariösen Prozess ist eine substanz– und pulpaschonende Präparation angezeigt; die Kavitätenränder sollten in die habituell saube und stabile Schmelzzone verlegt werden. Eine Breite von etwa einem Drittel des Abstands zwischen dem bukkalen und dem lingualen Höcker vermeidet Füllungsbrüche, wobei nicht der gesamte okklusale Anteil der Fissur miteinbezogen werden muss. Die Tiefe der Kavität sollte wenigstens 0,5 mm betragen. Mechanische Retentionen unterstützen auch bei adhäsiver Restauration den Halt einer Füllung. KRÄMER (1996) bezeichnet stopfbare Glasionomerzemente für die Milchzahn–Klasse–I–Versorgung und Kompomere für kleine bis mittelgrosse Milchzahn–Klasse–II–Restaurationen als Amalgamersatz.

Im Vergleich von Kompomerrestaurationen zu Feinpartikelhybridkompositrestaurationen ermittelten ATTIN, OPATOWSKI und BUCHALLA (1998) an Klasse-II-Milchzahnkavitäten den klinischen Erfolg. Gegenüber 3,1% der Spectrum-TPH-Restaurationen (Totalbonding mit SÄT) waren nach 12 Monaten 6,4% der Compoglass-Versorgungen (ohne SÄT) ein Mißerfolg. In den übrigen Kategorien waren die Komposit-Restaurationen tendenziell besser; jedoch rechtfertigen die Ergebnisse nach ATTIN die bevorzugte Verwendung des Kompomers, da der Zeitaufwand für die Säureätzung entfällt.

Insgesamt bedeutet der in Deutschland zu verzeichnende Karies–Rückgang speziell bei jugendlichen Patienten eine Verlagerung des

Schwerpunktes von der Sekundärversorgung (Füllungsersatz und –reparatur, „Re–Dentistry") zur Primärversorgung der Karies im Wechselgebiss (KÜNZEL 1996). Kleinere Defekte sind in der praktischen Therapie nicht nur schwerer zugänglich, sondern verhindern die Verwendung bestimmter Techniken, zum Beispiel der selektiven Ätzung von Schmelz und Dentin.

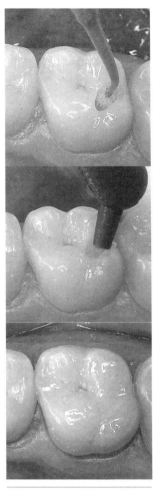

Klinik der Kompomerfüllungen (VI): Klasse I; hier sollte noch eine Versiegelung der zentralen Fissur folgen. 78

Klasse I und II

Im Bereich der Kavitätenklasse I und II der bleibenden Dentition werden die Indikationen mittlerweile deutlich weiter gefasst als noch zur Markteinführung der Materialien. Die Handhabung der Firma Dentsply DeTrey, die Dyract 1993 vorstellte, bezeichnet BLUNCK (1996) dabei als deutlich differenzierter als die des Herstellers VIVADENT (Compoglass), der ohne vorliegende Langzeitergebnisse die Aussage wagt, dass Compoglass auch als intermediäre Füllung der Klasse I und II eingesetzt werden kann. Aufgrund von umfangreichen in–vitro–Untersuchungen kommen FISCHER, LAMPERT UND MARX (1998) zum Schluss, dass Dyract für die vom Hersteller angegebenen Indikationen (Klasse II, V und Milchzahnversorgungen) geeignet ist. Bis dato wurden Kompomere in dieser Indikation noch als „semipermanente Füllung" angesehen. Eine Änderung der Sichtweise ist seit der Einführung der neuen Kompomergeneration (DYRACT AP) im April 1997 sichtbar. Dyract AP wird vom Hersteller ausdrücklich zur Versorgung okklusionstragender Klasse– I– und –II–Füllungen empfohlen. Neben geeigneten pysikalischen Eigenschaften und in–vitro–Daten zur Abrasionsbeständigkeit aus drei verschiedenen Studien bestätigen klinische Daten die Eignung dieses Produkts für diesen Anwendungsbereich (JEDYNAKIEWICZ, 1998; BENZ, HICKEL, 1998).

Klasse V

Auch für den Bereich der Klasse V haben sich die Kompomere innerhalb kürzester Frist etabliert. Aufgrund der geringen Kavitäten–Ausdehnung ist eine mögliche Volumenschrumpfung auch hier vernachlässigbar. Da es sich häufig um offene Kavitäten handelt, ist auch das Verhältnis zwischen der gebundenen und der nicht gebundenen Kompomeroberfläche, der sogenannte C–Faktor, günstig. Die Vorspannung des Restaurationssystems ist gering und wenig destruktiv. Das niedrige E–Modul der Kompomermaterialien mag ein Faktor für ihre besondere Toleranz hinsicht-

Klinische Anwendung - Klasse V

lich der Deformation der Zahnhalsregion zu sein (BLUNCK, 1997). Diese frühe Vermutung wurde in Untersuchungen von LANG, SCHWAN und NOLDEN (1996) bestätigt. Klasse–V–Defekte führen zur Destabilisierung der betroffenen Zähne; eine Restauration kann diesen Effekt abschwächen. Jedoch finden sich klinisch nach geraumer Zeit Spaltbildungen, die den Verbund zwischen Füllung und Zahn langfristig gefährden. Das Verformverhalten von Klasse–V–Restaurationen wird aber auch ganz besonders durch die physikalischen Eigenschaften des Füllungsmaterials bestimmt. Die Elastizität eines Werkstoffes für den Zahnhals sollte dabei eher den physikalischen Eigenschaften des Dentins angepasst sein als jenen des Schmelzes. Kompomere zeigen in dieser Hinsicht ein besseres Verhalten als Komposits.

Keilförmige Defekte und Wurzelkaries betreffen heute schon 40–60% der Erwachsenen. Die im Zusammenhang mit Cl.–V–Läsionen verwendete Terminologie von Attrition, Abrasion, Erosion und Abfraktion wird diffus verwendet, vor allem wenn zwei oder mehrere unterschiedliche Prozesse der Zahnzerstörung gleichzeitig auftreten. Liegt Dentin frei, so ist die Unterscheidung aufgrund einer vorhandenen (offene Tubuli) oder fehlenden Sensibilität (sklerosierte Tubuli) von Bedeutung. Dentin altert jedoch nicht nur auf der pulpalen, sondern auch auf der intra– und peritubulären Seite. YOSHIYAMA (1989) demonstrierte, dass die Obliteration der Dentintubuli in natürlichen, desensiblen abrasiven oder erosiven Läsionen mit Ablagerungen rhombohedraler Kristallite verschiedener Grösse und Oberfläche einhergeht.

Klinische Anwendung - Klasse V

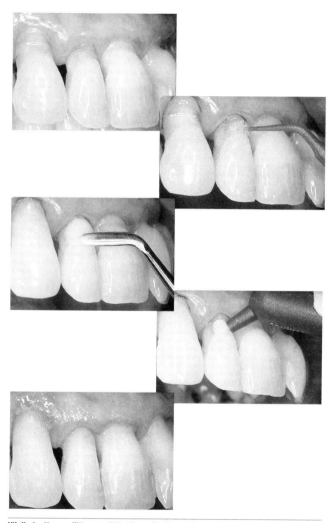

Klinik der Komperfüllungen (VII): Klasse V - Die modernen Kompomere sind feuchtigkeitstolerant, wobei jedoch jede Kontamination der Kavität die Haftkräfte herabsetzt. Eine absolute Trockenlegung ist oftmals bei Klasse-V-Restaurationen schwierig und provoziert weitere Probleme. Erfolgreiche Restauration sind auch ohne Kofferdam möglich. 79

Klinische Anwendung - Klasse III

Diagnose	Grad	Therapie
Faziale Erosion	0	Präventive Betreuung
	1	Präventive Betreuung oder Rekonturierung mit Füllungsmaterial
	2	Oberflächenversiegelung bei Sensibilität, Rekonturierung mit Füllungsmaterial
	3	Füllungstherapie
Linguale Erosion	0	Präventive Betreuung
	1	Präventive Betreuung oder Rekonturierung mit Füllungsmaterial
	2	Füllungstherapie
Okklusale Erosion	0	Präventive Betreuung
	1	Komposit/Kompomer–Restauration der erodierten okklusalen Bereiche
	2	Kronen/Brückentherapie
Kofaktor traumatische Okkl.		Okklusale Adjustierung; Knirscherschiene

LUSSI–**Klassifikation und Behandlung** (mod. n. LAMBRECHTS 1996)   80

Untersuchungen verschiedener Autoren zeigen, dass faziale V–förmige Zahnhalsläsionen (weniger als 135 Grad) eine bessere Retention von Restaurationen ermöglichen als flache oder U–förmige zervikale Läsionen.

Klasse III

Die Klasse III stellt ein mögliches Indikationsgebiet für Kompomere dar, wobei eine vollständige Befriedigung der Ziele in Bezug auf Ästhetik und marginale Adaptation erst mit der neuen Generation (VAN DIJKEN, 1996) gegeben zu sein scheint. Die Vorteile aufgrund der einfachen Verarbeitung im Vergleich zu Kompositen sind zu berücksichtigen.

Andere Klassen

Eine Indikation für andere Kavitätenklassen ist (bei direkter okklusaler Belastung) mit dem Vorzeichen „Langzeitprovisorium" gegeben. Erste 6–Monatsergebnisse in diesen Indikationsbereichen zeigen, dass bei

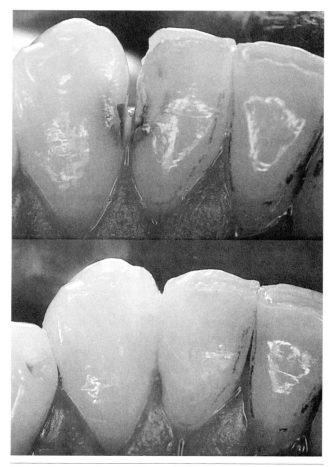

Klinik der Kompomerrestauration (VIII):
In der Kavitätenklasse III/IV ist der Einsatz moderner Kompomere mittlerweile in vielen klinischen Studien bestätigt und Routine. Jedoch wird die Kunststofffüllung aus Feinpartikelhybridkomposit noch als Goldstandard angesehen - sowohl hinsichtlich der Belastbarkeit als auch der Farbe. Mit der Annäherung der letzten Kompomergeneration an die Komposite verwischen die Unterschiede mehr und mehr.

Klinische Anwendung - Unterfüllung

präventiv betreuten Patienten in diesem Zeitraum trotz z.T. offener Ränder weder Frakturen noch Sekundärkaries auftrat (KRECJZI, LUTZ und ODDERA, 1995). Auch die Schweizerische Vereinigung für präventive und restaurative Zahnmedizin (SVPRZ) und die Schweizerische Zahnärzte Gesellschaft SSO bestätigen die Indikation der Kompomere für Kl. I– und Kl. II–Füllungen mit der Charakteristik „Langzeitprovisorien". Andere Autoren bestätigen die Verwendung von Dyract auch in kleinen nicht–okklusionstragenden Füllungen im bleibenden Gebiss (PETSCHELT, 1995). Seit 1998 hat DENTSPLY die Verwendung von Dyract AP in diesem Indikationsbereich freigegeben. Hier scheint sich eine Änderung und Erweiterung des Indikationsspektrums klar durchzusetzen.

ERNST und WILLERSHAUSEN (1995) schilderten in einem Fallbericht zur Behandlung einer Amelogenesis imperfecta den Einsatz von Dyract in einer solchen, aufgrund des fehlenden oder minderwertigen Zahnschmelzes problematischen Situation. Trotz des mit bis zu 30% mindermineralisierten Schmelzes zeigten alle Kompomerrestaurationen über einen Beobachtungszeitraum von 18 Monaten weder Materialfrakturen noch Verfärbungen oder Sekundärkaries.

Unterfüllung

Eine weitere Anwendungsmöglichkeit für den Zweck der Unterfüllung wird zur Zeit diskutiert. Bei der Anwendung des Primer/Adhäsiv–Systems ist jedoch eine Touchierung der Kavitätenränder fast unmöglich zu verhindern. Die damit verbundene eingeschränkte Möglichkeit zur Säureätzung und der zusätzliche Aufwand für die Finierung der Kavitätenränder ist zu berücksichtigen.

Klinische Anwendung - Fissurenversiegelung

Fissurenversiegelung

Die Versiegelung von Fissuren und Grübchen gilt als bewährte Massnahme der Kariesprävention (LUTZ, 1985; RIETH, 1988; HICKEL, 1996). In einer ersten Untersuchung diskutierten SCHIFFNER und KNOP die mögliche Eignung von Kompomeren bei der Fissurenversiegelung. Die Anwendung der Kompomere in dieser Indikation ist insofern interessant, da die klinische Praxis die für Komposit–Anwendung dringend empfohlene Verwendung von Kofferdam nicht immer zulässt. Der bisher diskutierte mögliche materialtechnische Ausweg, die Verwendung von Glasionomerzementen, hat sich klinisch nicht bewährt (HOTZ, 1986; KULLMANN, 1986; BOKSMANN, 1987). Auch Cermete zeigten beim Einsatz als Versiegler nur ungenügende Ergebnisse (HICKEL, VOSS 1989). In ihrem in–vitro–Versuch versiegelten die Autoren Milchmolaren ohne Phosphorsäure–konditionierung, aber mit herstellerkonformer Anwendung der systemimmanenten Adhäsivsysteme. Ein Teil der Materialien wurde ultraschallaktiviert, die gesamten Proben mit herkömmlichen Versiegelungen (Helioseal F) verglichen. Für alle Fissurentypen konnte zwischen den ultraschallaktivierten Kompomeren und Helioseal F kein Unterschied ermittelt werden. Bei Fissurenabschnitten vom U– oder V– Typ war die Eindringtiefe vom ultraschallaktiviertem Compoglass sogar signifikant besser als die von Helioseal F in traditioneller Technik.

SÜSSENBERGER, BECKER und HEIDEMANN (1997) untersuchten ebenfalls die Verwendung von Glasionomerzementen beziehungsweise Kompomeren im Vergleich zu Kompositen bei der Fissurenversiegelung. In ihren Versuchen kam auch ein Silikonstempel (SDS, Rendsburg) zur Anwendung, um die höhere Viskosität mit konsekutiver schlechterer Adhäsion und mangelhafter Penetration auszugleichen. Grundsätzlich führte der ebenfalls untersuchte Verzicht auf Säureätzung zu einer massiv erhöhten Verlustrate. Dünne Pressfahnen und eine zum Teil sehr hohe Porosität der

Materialien waren weitere Probleme, die sich bei den Farbstoffpenetrationstests als nachteilig erwiesen. Die grösste Homogenität bei den Materialien (PhotaC–Fil, Fuji II LC, Ionoseal, Vitremer, Dyract) zeigte Dyract.

Insgesamt zeigten die lichthärtenden Kompomere beziehungsweise Glasionomere bei SÄT ähnlich hohe Retentionsraten wie herkömmliche Versiegler. Das Versiegelungsmaterial

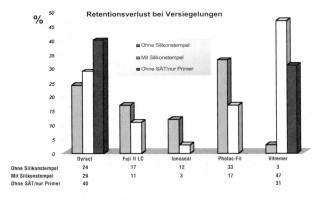

Verlustraten bei Fissurenversiegelung (SÜSSENBERGER **1997**)

drang nicht in enge oder ampullenförmige Fissuren ein. Die Autoren spekulieren, dass in–vivo bei Versiegelungen mit (lichthärtenden) Glasionomerzementen mit erhöhten Verlusten zu rechnen sei – gleichwohl habe aber die erhöhte Fluoridfreisetzung einen sehr positiven Effekt, der eine Sekundärkaries unwahrscheinlicher mache. Sie empfehlen, Glasionomerzemente nur als Versieglermaterial im Rahmen der Sandwichtechnik bei einer erweiterten Fissurenversiegelung einzusetzen.

Klinische Anwendung - Befestigung

Schliesslich besitzen Kompomere (zum Beispiel Dyract Cem) ein grosses Potential als Befestigungszemente, wobei diese Anwendung zur Zeit noch erforscht wird (SVPRZ, 1995) (Abb. 83, S. 155).

Befestigung

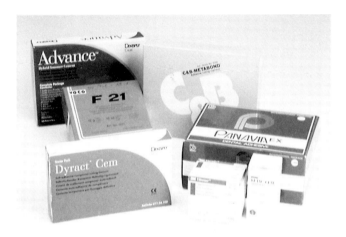

Haftzemente 83

Erste In–Vitro–Ergebnisse liegen jedoch vor (THONEMANN, FEDERLIN, SCHMALZ, HILLER, 1995). Die Autoren verglichen mittels quantitativer SEM–Randanalyse und Farbstoffpenetration 42 Restaurationen mit Schmelz– bzw. Dentinbegrenzung. Dabei wurden die Normkavitäten mit Vita–Cerec–Mark–II–Inlays (VITA, Bad Säkkingen) versorgt, einem Thermocycling und mechanischer Wechselbelastung unterworfen. Als Zementierungsmaterial wurde Vita–Cerec Duo Zement/Duo Bond, Dual Zement/Syntac/Heliobond, Photac Bond, PhotacFil, Dyract, Vitremer und Fuji–II–LC verwendet, wobei bei höherer Materialviskosität die Inkorporation der Inlays mit Ultraschalltechnik erfolgte. Die Kombination Syntac/Dual Zement erreicht an der Dentingrenze eine ähnlich gute Randschlussqualität wie das traditionelle Befestigungssystem DuoZement/Duo Bond als Referenz im Schmelz. Auch Dyract, Fuji–II–LC und Vitremer erreichten in vitro vergleichbar gute Ergebnisse. Die Werte von Dyract bestätigten die schon vorliegenden Untersuchungen von Krejci, Gebauer, Hausler und Lutz (1994) über die Randqualität von Kl.–I– und –II– Restaurationen.

Kieferorthopädie

Eberhard, Hirschfelder und Ebert (1995) untersuchten mit dem Einsatz von Kompomeren als Bracketkleber in der Kieferorthopädie eine weitere, neue Indikation. Zum Einsatz kam ein experimentelles Einkomponenten–Material in Verbindung mit PSA bzw. Prime&Bond. In dem in–vitro–Versuch wurden Rinderzähne konditioniert und mit Keramik, silanisierten Keramik– und Metallbrackets mit Netzbasis versehen. Bei vorheriger Schmelzätzung wurden Haftwerte ähnlich wie bei Kompositen erzielt (7,8 +/- 1,0 MPa), mit PSA niedrigere Werte (3,4 +/- 0,9 MPa). Ohne Schmelzätzung zeigten nur silanisierte Keramikbrackets ausreichende Haftfestigkeit. Der Bruchspalt verlief bei Verwendung von Prime&Bond zu 70% an der Bracket-basis, bei Verwendung von PSA zu 70% am Schmelz. Die Autoren resümieren, dass ein Einsatz des Kompomer–Klebers ohne Ätzung z.Zt. nicht empfohlen werden kann.

Voss und Schmidt (1995) prüften an Prämolaren und Molaren die Befestigung von modifizierten Metallbrakkets. Dabei erzielte die Gruppe Syntac–Heliobond–Transbond eine Scherfestigkeit von 7,9 MPa, die Gruppe Scotchbond Multipurpose–Transbond 7,4 MPa, die Gruppe Dyract–PSA – Dyract 7,1 MPa. Adhäsivbrüche nach Belastung (Dynamometer) traten bei Syntac zu 80%, bei Scotchbond zu 35% und bei Dyract zu 13% auf. Die Sicherheitsspanne zur üblicherweise ange-

Klinische Anwendung - Überkappungen

wendeten orthodontischen Kraftübertragung von 3 MPa erscheint den Autoren ausreichend.

11.3. Kontraindikationen

Dyract ist kontraindiziert im Falle einer direkten oder indirekten Pulpaüberkappung. Eine Indikationseinschränkung besteht ebenso aufgrund der klinisch noch nicht ausreichend geprüften Kaustabilität im Seitenzahngebiet für sehr große Kavitäten (Breite > 2/3 des Interkuspidalabstands). Nebenwirkungen sind bisher nicht beobachtet worden.

Wie bei verschiedenen neueren Adhäsiv–Systemen kann das im PSA–Primer–Adhäsiv–System enthaltene Aceton $Ca(OH)_2$–Unterfüllungen anlösen; daher ist ein Kontakt zwischen Primer und Unterfüllung zu vermeiden.

Überkappungen

Dyract durchläuft nach der Polymerisation eine Expansionsphase. Eine Anwendung als Material für eine direkte oder indirekte Pulpenüberkappung ist zur Zeit kontraindiziert. Eugenolhaltige Materialien beeinträchtigen die Polymerisationsreaktion des Dyract–Füllungsmaterials.

Expansion

Klinische Anwendung - Expansion

12 Klinische Bewertungen

12.1. Allgemeine klinische Bewertungen

Anwenderuntersuchungen etablierter Untersuchungsgruppen (CRA, 1995) ergaben bei 95% von 52 CRA–Testern eine gute bis exzellente Bewertung des Kompomermaterials Dyract. Auch im DENTAL ADVISOR PLUS (1996) erhielt Dyract exzellente Bewertungen (5+, „Editors Choice"), wobei die einfache Applikation, die optimale Viskosität, die fehlende Klebrigkeit, die einfache Politur und das erreichte Restaurationsergebnis besonders gut bewertet wurden.

Zahlreiche andere Autoren bewerten das Kompomer–System positiv. Es scheint nicht nur ein einfacheres Handling als traditionelle Glasionomerzemente zu haben, sondern auch hinsichtlich seiner Werkstoffeigenschaften deutliche Vorzüge zu besitzen. In der klinischen Anwendung wurden einige Besonderheiten der Kompomermaterialien deutlich. So berichteten SCHNEIDER (1996), KRÄMER (1996) und BLUNCK (1996) über Randverfärbungen von Dyract–Restaurationen nach kürzerer Liegezeit, ohne dass diese Verfärbungen aber zu therapeutischen Konsequenzen führten. Die Kompomere setzen dabei die positive Tendenz fort, die schon für die Glasionomerzemente in definierten Indikationen beschrieben worden waren (HICKEL, 1994).

Anwenderberichte

Die ersten klinischen Erfahrungen bewiesen die hervorragenden Verarbeitungseigenschaften des Dyract–Materials. Besonders die auch ohne Ätztechnik gute Adhäsion, die Randdichtigkeit der Füllungen und die sehr gute Farbintegration des Kompomers waren auffallend. Nicht ohne

Einfache Verarbeitung

Grund betonten KREJCZI, LUTZ und ODDERA (1995), dass die einfache Verarbeitung der Kompomere eine grosse Gefahr innehabe, die Indikationen für das Material zu überziehen. Dies führe zwangsläufig zu Misserfolgen, die dem Material angelastet werden, obwohl sie eigentlich auf den Behandler zurückzuführen sind.

ERNST, WECKMÜLLER und WILLERSHAUSEN (1995) setzten Dyract bei der ITN–Versorgung eines Kindes mit Amelogenesis impecta ein. Dabei wurden in der Frasaco–Stripkronentechnik mit relativ geringem Zeitaufwand Versorgungen durchgeführt. Die Autoren folgerten aufgrund ihrer klinischen Erfahrung, dass das Kompomermaterial Dyract nicht nur wegen seiner einfachen Handhabung, sondern auch wegen seiner möglichen Fluoridionenabgabe das Material der Wahl für grössere Milchzahnrekonstruktionen zu sein scheint (BELL, 1994).

Insgesamt scheint insbesondere die Verwendung von Dyract in der Indikation Milchzahnrestauration bei vielen Autoren ein positives Echo gefunden zu haben. Die Bewertung von Dyract ist in allen Untersuchungen sehr gut – vor allem auch im Vergleich zu den bisher wenig zufriedenstellenden Alternativmaterialien (JDR, 1994).

Neues Verständnis für Bond–Verfahren

Die CRA (1996) wies auf die mit den neuen Dentinbonding–Systemen verbundenen Herausforderungen an den Zahnarzt hin.

- Zahnarzt wie auch Hilfspersonal sollten die Wirkung jeder Systemkomponente verstehen und die einzelnen Schritte exakt ausführen.

  neueren Bonding–Produkte beste Haftwerte entwickeln auf einer

- Alle Komponenten müssen regelmässig kontrolliert werden, um Verdunstung, Eindicken oder Kontamination der Flüssigkeit zu vermeiden, wenn die Packungen geöffnet sind.

- Vor der Oberflächenbehandlung müssen alle Plaque und Speisereste entfernt werden. Jedoch muss eine zu starke Trocknung der Zähne vermieden werden, da alle geringfügig feuchten Oberfläche.

- Der Primer sollte erst aus dem Gefäss entnommen werden, wenn er gebraucht wird, um ein Verdunsten von Bestandteilen zu vermeiden.

- Der Primer sollte in mehreren Schichten appliziert werden, wobei zuviel Primer immer besser ist als zuwenig. Zu dünne Primer–Schichten werden durch Sauerstoff–Inhibition an der Polymerisation behindert.

- Die Kontamination der Oberfläche durch Speichel, Blut oder Sulkusfluid führt zu jeder Zeit zur Notwendigkeit der Wiederholung der gesamten Prozedur.

- Dem Bondsystem sollte schließlich einige Zeit gegeben werden, um seine Verbindungen aufzubauen, bevor die Füllung durch Finish–Prozesse und Exposition der Oberfläche Belastungen ausgesetzt wird.

12.2. Klinische Studien

Einem Füllungsmaterial kann aufgrund von werkstoffkundlichen bzw. in–vitro–Versuchen eine gewisse Eignung zugeordnet werden. Diese Eignung unterliegt jedoch letztendlich einer kritischen praktischen Prüfung im klinischen Alltag. Im Zentrum zahnmedizinischer Bewertung steht daher die kontrollierte klinische Studie (Tabelle 64 auf Seite 114).

DIJKEN (1995) berichtet über erste Ergebnisse eines klinischen Vergleichs von vier Dentinbonding–Systemen für Klasse–V–Läsionen mit abrasivem bzw. erosivem Charakter. Insgesamt wurden 223 Klasse–V–Restaurationen (55 Vitremer, 54 Dyract, 55 Permagen/Pekafill bzw. 59 Syntac/Tetric) appliziert und entsprechend den modifizierten USPHS–Kriterien nach zwei Wochen, 6 Monaten und 12 Monaten bewertet. Dabei ergaben sich kumulierte Retentionsverlust–Raten für Dyract nach 12 Monaten von 2,4%. Im Vergleich dazu waren 7,2% der Vitremer, 28,9% der Permagen/Pekafill und 17,3% der Syntac/Tetric–Füllungen verlorengegangen (Abb. 84, S. 162).

Umeå/Schweden

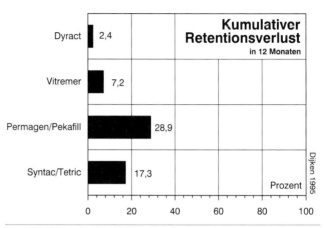

Kumulativer Retentionsverluste diverser Restaurationssysteme über 12 Monate im Vergleich (Angaben in %).

Über einen Zeitraum von 3 Jahren verglich DIJKEN (1996) 152 Klasse–III– Restaurationen an 49 Patienten, wobei 53 Restauration mit einem Hybridkomposit, 45 mit einem modifizierten Glasionomerzement und 54 mit einem Kompomer (DYRACT) angefertigt wurden. Die Nachuntersuchungen erfolgten entsprechend der USPHS–Kriterien. Die Ergebnisse zeigten, dass Dyract hohe Effizienz bei der Versorgung der Klasse III hat.

Angaben in %	Hybrid–Komposit n=53	Kompomer n=54	Glasionomer–zement (n=45)
Restauration komplett in situ	100	98	98
Perfekte anat. Kontur	100	98	98
Ränder ohne sichtbare Spalten	96	93	91
Keine/Geringe Farbabweichung	100	98	91
Keine oder entfernbare marginale Verfärbung	100	100	95
Glatte oder fast glatte Oberfläche	96	100	50

Klasse III/3–Jahresergebnisse (DIJKEN, 1996)

Grundlagen der zahnärztlichen Implantologie

BIBLIOGRAFIE:
Grundlagen der zahnärztlichen Implantologie
Henry Schneider
Apollonia Verlag
3. Auflage 1998
ISBN 3-928588-20-6
Empf. Verkaufspreis: 39,- DM

Eines der aufstrebenden Fachgebiete der letzten Jahrzehnte ist die zahnärztliche **Implantologie.** Der ungestüme Fortschritt der Anfangszeit ist jedoch einer mehr grundsätzlichen Orientierung gewichen. Die Grundlagen der Implantologie sind heute sehr gut erforscht. Das Buch des Linnicher Zahnmediziners Dr. Henry Schneider vermittelt einen Einblick in diese **Grundlagen.** Es will ganz bewußt keinen Atlas oder technische Manuals ersetzen, sondern konzentriert sich auf das **Basiswissen,** das jeder Zahnarzt haben sollte. Die Darstellungen beruhen auf einer umfassenden **Literaturanalyse,** wobei jedoch keine konkreten Bezüge zu Implantatsystemen gemacht werden. Insofern grenzt sich das Werk deutlich von entsprechenden PR-Veröffentlichungen ab. Trotzdem ist der **Preis** mit 39,- DM sehr **gering.** Das Werk ist ursprünglich an der RWTH Aachen in Zusammenarbeit mit Prof. Dr. Dr. H. **Spiekermann** entstanden, wobei die dritte Auflage von der breiten **Akzeptanz** des Buches bei niedergelassenen Zahnärzten zeugt.

Innere Medizin für Zahnmediziner

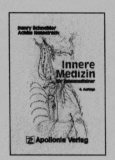

BIBLIOGRAFIE:
Innere Medizin für Zahnmediziner
Henry Schneider, Achim Nesselrath
Apollonia Verlag
5. Auflage 1997
ISBN 3-928588-22-2
Empf. Verkaufspreis: 29,80 DM

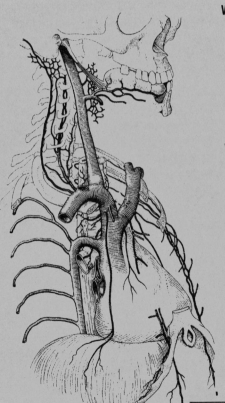

Was muss ein Zahnarzt über Innere Medizin wissen?

Diese Frage beantworten – schon in der 5. Auflage – der Mediziner Achim Nesselrath und der Zahnmediziner Henry Schneider. Kurz und bündig das Wichtigste, was man zum Thema Medizin wissen sollte. Für Zahnärzte mit wichtigen Hinweisen und Querreferenzen auf bedeutsamen Interaktionen zwischen zahnmedizinischer Therapieforderung und internistischer Therapieeinschränkung. Genau das Richtige, wenn man sich die sonst üblichen "dicken" Wälzer ersparen will. In Kooperation mit Prof. Dr. J. Kindler an der RWTH Aachen entstanden.

Klinische Bewertungen - München/Deutschland

Von LOHER, HICKEL und KUNZELMANN (1995) wurde über erste Ergebnisse einer klinischen Studie mit lichthärtenden Glasionomerzementen, Kompomer– und Kompositfüllungen berichtet. An insgesamt 137 Patienten wurden 198 Zahnhalsfüllungen gelegt, wobei die Materialien zwar nach Herstellerangaben, aber ohne absolute Trockenlegung mit Kofferdam verarbeitet wurden. Versorgt wurden insgesamt 69 erosive ("Keilförmige") Defekte, 69 Defekte bei insuffizienten Füllungen und 60 Kariesläsionen. Die Nachuntersuchung erfolgte in einem Zeitraum von 6–12 Monaten nach modifizierten USPHS– Kriterien. Im Beobachtungszeitraum gingen 2 von 31 Photac–Fil– (6%), 2 von 51 Fuji–II–LC– (4%), 3 von 83 Dyract–Füllungen (4%) verloren. Bei der Kombination Tetric/Syntac (Schmelzanschrägung) war keine klinische Veränderung zur Ausgangssituation feststellbar. Die Interpretation der Kriterien „Anatomische Form", „Randverfärbung iim Dentin", „Randverfärbung am Schmelz" ergab die Reihenfolge Tetric>Dyract>Fuji–II–LC>Photac–Fil. Auf Grund dieser ersten Nachuntersuchung erscheinen den Münchner Autoren Tetric/Syntac und Dyract den „Lichthärtenden Glasionomerzementen" überlegen zu sein. Dyract sei zudem in der Verarbeitung einfacher.

München/Deutschland

Auch an der Humboldt Universität Berlin wurde eine prospektive Studie angelegt, über deren erste 18-Monatsergebnisse Blunck, Richter, Fotiadis und Roulet berichten (1998). Demnach zeigen die getesteten Materialien Dyract, Compoglass, Prodigy/Optibond FL und Spectrum TPH/Prime&Bond 2.1. keine signifikanten Unterschiede. Der Retentionsverlust der Klasse-V-Füllungen an Erosions- bzw. Abrasionsdefekten betrug zwischen 6,8 und 5,3%.

Berlin/Deutschland

Klinische Bewertungen - Athen/Griechenland

Athen/Griechenland Ergebnisse einer 1–Jahresstudie legten PAPGIANNOULIS, KAKABOURA, PANTALEON und KAVADIA (1996) vor, wobei das klinische Verhalten von Dyract In Klasse–II–Restaurationen als akzeptabel bezeichnet wurde.

Bristol/Grossbritanien In einer klinischen longitudinalen Blind–Studie der Universität Bristol (ELDERTON, ABOUSH, VOWLES, BELL und MARSHALL, 1995) wurden 40 Patienten zwischen 22 und 67 Jahren mit insgesamt 80 zervikalen Restaurationen versorgt. Dabei wurde nach mod. RYGE–Kriterien ein klinischer Vergleich zwischen der Kompomer–Versorgung mit oder ohne Dyract–PSA–Primer/Adhäsiv vorgenommen. Nach 2 Jahren waren 83,5% der Restaurationen ohne Verwendung des PSA–Primer/Adhäsivs verlorengegangen. In der Gruppe mit vorschriftsgemässer PSA–Anwendung gab es dagegen keinen einzigen Füllungsverlust. Bei beiden Methoden stellten die Autoren keine Pulpenreaktionen fest. Trotz einer statistisch signifikanten Verschlechterung der Randqualität und in 65% der Fälle feststellbaren oberflächlichen Abrasion waren in diesen Fällen keine klinische Intervention nötig.

Liverpool/Grossbritanien An der Universität Liverpool (Grossbritanien) konnten im Rahmen einer Dreijahres–Studie von 120 Cl.–V–Restaurationen an 60 Patienten 110 nachuntersucht werden (JEDYNAKIEWICZ, MARTIN, FLETCHER, 1997). Dabei lag die Quote der Retention der Dyract–Füllungen nach 3 Jahren über 98% im Vergleich zu der des Kontrollmaterials von 94%. Die marginale Integrität der Zahnhalsfüllungen war in jedem Falle besser als bei einem Kontrollmaterial. Der einzige Füllungsverlust im Beobachtungszeitraum ist auf starken Bruxismus zurückzuführen. Das Ergebnis der Studie ist insofern bemerkenswert, da nur eine einzige PSA–Applikation vorgenommen wurde. Von den etwa 20% kälteempfindlichen Zähnen war nach drei Jahren lediglich einer noch sensibel. Pulpale oder gingivale Probleme traten mit Dyract nicht auf.

MASON, CALABRESE und GRAIF (1996) berichteten über 30 Monate klinische Beobachtungszeit von Cl.–I und –II– Füllungen in Milchmolaren. Dabei wurde ohne Ätzung nur eine Schicht PSA appliziert. Nach 30 Monaten waren alle Füllungen noch vorhanden, die Farbübereinstimmung betrug 90% Alpha, die marginale Adaptation 95%, die Randverfärbung 85%, die anatomische Form 90% Alpha bei einem Recall von 87%. Dyract erschien den Autoren in diesen Indikationen als sehr geeignet.

Padua/Italien

An der Universität Umea (Schweden) untersuchte DIJKEN (1995) den Indikationsbereich der approximalen Frontzahnfüllungen im Rahmen einer klinischen Studie. Dabei wurden 161 Cl.–III–Kavitäten versorgt, die zu mindestens 75% schmelzbegrenzt waren. Von den 52 Patienten (27 männlich, 25 weiblich) konnten 52 Patienten mit insgesamt 152 Restaurationen nachuntersucht werden. Die Beurteilung erfolgte nach mod. USPHS–Kriterien. Im Vergleich mit den Kontrollmaterialien Fuji II LC und Gluma/Pekafill erwies sich die Kompomer–Versorgung mit Dyract als effiziente therapeutische Möglichkeit.

Umeå/Schweden

ROETERS (1995) absolvierte eine klinische Studie des Dyract–Füllungsmaterials an 55 Kindern mit 91 Cl.II bzw. Cl.I–Restaurationen (Verhältnis 8:1). 49 Kinder mit 76 Füllungen konnten nach 2 Jahren nachuntersucht werden, wobei mod. RYGE–Kriterien angewandt werden konnten. Es wurden insgesamt 4 Frakturen über den Beobachtungszeitraum verteilt fest-

Nijmegen/Niederlande

gestellt (5%), wobei 2,5% der Füllungen als erneuerungsbedürftig eingestuft wurden. Der Oberflächenverlust nach 1 Jahr betrug arbiträr 190 Mikrometern, nach 2 Jahren 153 Mikrometer (Höhenabnahme der Referenzhöhe). Kleinere Randdefekte verschwanden während des Beobachtungszeitraums in einigen Fällen; die Abrasion erschien etwas stärker als die des Schmelzes. ROETERS resümiert, dass das exzellente Handling ebenso wie die niedrige Verlustrate Dyract als ein verlässliches Material zur Milchzahnversorgung erscheinen lässt (PETERS, ROETERS, FRANKENMOLEN 1996).

Nach drei Jahren konnten schliesslich noch 37 Restaurationen nachuntersucht werden, 40 waren durch Zahnverlust verloren, 12 Zähne ausgezogen und 2 Füllungen ersetzt worden. Von den 37 Restaurationen erreichten noch 89% bezüglich der marginalen Integrität Kategorie A, 9% bezüglich neuer Karies Kategorie B, 100% Kategorie B in Bezug auf die anatomische Form und 87% Kategorie A bezüglich ihrer approximalen Kontakte (RYGE–Kriterien). PETERS und ROETERS (1996) resümmierten, dass das verwendete Dyract eine hervorragende klinische Performance hat. Es scheint weiterhin keine Indikation zum Anätzen des Schmelzes zu geben.

Klinische Bewertungen - Nijmegen/Niederlande

Prüfer	Untersuchungs-zeitraum	Ergebnisse
Dyract		
Jacobsen	12–15 M.	Anwendung in kleinen Kavitäten: geringe Abrasion; keine Füllungsfrakturen, postoperative Empfindlichkeit oder Randspalten
Balz, Zamani, Reich	6 M.	Alle Restaurationen funktionsfähig; weniger Randverfärbungen mit SAT
Benz, Stabel, Mehl, Hickel	6 M.	vielversprechendes Ergebnis
Wucher, Senekal	12 M.	100% Alpha für alle Untersuchungskriterien; exzellentes Ergebnis
Tayeb, Saeed	12 M.	99% der Restaurationen zufriedenstellend; geeignet für einfache Klasse I und II Restaurationen
Dyract AP		
Hickel, Benz, Salzmann	12 M.	Abrasion: keine Veränderung der Oberflächenmorphologie zwischen Baseline und 1 Jahr. Leistungsfähig wie Feinpartikel Hybridkomposit.
Jedynakiewicz, Martin, Fletcher	12 M.	Abrasion und Randqualität: 100% Alpha; geeignet für okklusionstragende Restaurationen
Latta, Barkmeier	Baseline	keine Probleme mit Kompatibilität zur Pulpa und Gingiva
Latta	6 M.	alle Restaurationen mit zufriedenstellendem Ergebnis

Klasse I und II: Klinische Studien zu Dyract und Dyract AP (Übersicht) 86

Prüfer	Untersuchungs-zeitraum	Ergebnisse
Dyract:		
Prati, Chersoni, Lorenzi, Cretti, D'Arcangelo	36 M.	geeignet für Klasse III Restaurationen; eine gute Alternative zu Hybridkomposit
Tyas	12 M.	2% fehlerhafte Restaurationen und auffallende Randverfärbungen, ansonsten vielversprechendes Material
Benz, Landenhamer, Hickel	6 M.	alle Füllungen klinisch akzeptabel; Unterschied zu Komposit nur bei Farbübereinstimmung
van Dijken	36 M.	98% in situ; klinisches Resultat gleich gut wie für Hybridkomposit und in bezug auf kunststoffverstärkten Glasionomerzement bessere Oberflächenqualität

Frontzahnfüllungen: Klinische Studien zu Dyract (Übersicht)

Klinische Bewertungen - Nijmegen/Niederlande

Prüfer	Untersuchungs-zeitraum	Aussagen der Prüfer
Dyract:		
Barnes, Blank, Gingell, Barnes	24 M.	Retention: 97%; alle beurteilbaren Restaurationen zufriedenstellend
Prati, Chersoni, Lorenzi, Cretti, D'Arcangelo	36 M.	geeignet für Klasse V Restaurationen; mit 100% Retention eine gute Alternative zu Hybridkomposit, welches nur 75% Retention aufweist
Schuster, Schreger, Klimm, Koch	12 M.	Trotz relativ hoher Füllungsverluste geeignet für Klasse V.
Wicht, Fritz, Noack	12 M.	10% Retentionsverluste; mehr Verfärbungen bei Randabschnitten im Schmelz; vielversprechendes klinisches Verhalten
Tyas	12 M.	2% fehlerhafte Restaurationen; auffallende Randverfärbungen; vielversprechendes Material
Loher, Kunzelmann, Hickel	24 M.	Komposit und Dyract sind kunststoffverstärkten Glasionomeren überlegen
Vichi, Ferrari, Davidson	2–3 M.	Säurekonditionierung verbessert Randqualität im Schmelz
Abdalla, Alhadainy, Garcia–Godoy	24 M.	Retention: 100%; für alle Prüfparameter 100% Alpha mit Ausnahme einer Bravo–Wertung hinsichtlich Randqualität
van Dijken	12 M.	Retention: 98%; besser als Komposit mit Säurekonditionierung
Elderton, Bell, Aboush, Vowles, Marshall	36 M.	Erfolgsrate: 97%; Wirksamkeit und Sicherheit bestätigt
Jedynakiewicz, Martin, Fletcher	36 M.	Erfolgsrate: 98%; Wirksamkeit und Sicherheit bestätigt; ermöglicht ästhetische Versorgungen
Jedynakiewicz, Martin, Fletcher	12 M.	Retention: 98%; alle beurteilbaren Restaurationen mit exzellenten Bewertungen
Jedynakiewicz, Martin, Fletcher	Baseline	Präoperative Überempfindlichkeit: 53%, Postoperativ: 0%
Federlin, Thonemann, Schmalz, Urlinger	12 M.	Retention: 94%; perfekte Ränder im Schmelz: 97%, im Dentin: 89%
Merte	6 M.	Retention: 90%; weitere Verbesserungen der Materialeigenschaften und Anwendungstechniken sind notwendig
Blunk, Roulet, Richter, Fotiadis	18 M.	Retention: 93%; Erfüllt alle Anforderungen für ADA Akzeptanz
Dyract AP:		

Klasse V: Langzeiterfahrungen mit Dyract bzw. Dyract AP

Klinische Bewertungen - Nijmegen/Niederlande

Jedynakiewicz, Martin, Flotcher	12 M.	Retention: 98% Alpha; alle anderen Parameter 100% Alpha; effektives Material für Zahnhalsläsionen
Latta, Triolo, Cavel, Barkmeier, Blankenau	6 M.	ohne SAT: Retention: 100%, Randversager: 2,6%; mit SAT: Retention: 92%, Randversager: 0%
Latta, Triolo, Cavel, Barkmeier, Blankenau	6 M.	keine Retentions– und Randversager
Ferrari, Cagidiaco	6 M.	Retention: 100%; Ränder: 93% Alpha; keine postoperative Überempfindlichkeit

Klasse V: Langzeiterfahrungen mit Dyract bzw. Dyract AP   88

Prüfer	Untersuchungs– zeitraum	Aussagen der Prüfer
Dyract:		
Papagiannoulis, Kakaboura, Pantaleon, Kavadia	12 M.	akzeptables klinisches Verhalten
Vulicevic, Beloica, Vulovic	12 M.	für getestete Indikationen empfehlenswert
Hse, Wei	12 M.	1,7% Versager mit beiden Füllungswerkstoffen (Kompomer und Komposit); sehr gute Eignung
Mason, Calabrese, Graif, Beltrame	30 M.	alle Restaurationen in gutem Zustand; sehr gute Eignung
Krejci, Wiedmer, Lutz	24 M.	durchweg positive Resultate; 100% in situ; Abrasion im Randbereich 10mm
Peters, Roeters, Frankenmolen, Burgersdijk ,	36 M.	mit einer Erfolgsrate von 95,6% sehr gutes klinisches Ergebnis; bei allen Restaurationen Zeichen okklusalen Verschleißes (100% Bravo)
Marks, Kreulen, Van Amerongen, Weerheijm, Akerboom, Martens	6 M.	alle Restaurationen in situ; eine Kontrollrestauration (Amalgam) ging verloren; Ränder der Amalgamfüllungen besser als die von Dyract
Dyract AP		
Roeters, Frankenmolen, Hooiveld, Smale, Kusters–Visseren	12 M.	alle Restaurationen funktionsfähig; Füllungsqualität und insbesondere Abrasionsresistenz besser als bei Dyract

Milchmolaren I/II: Langzeiterfahrung mit Dyract bzw. Dyract AP   89

13 Neue Entwicklungen

13.1. Dyract AP

Die Polymerchemie und damit Entwicklung von neuen Werkstoffen für die restaurative Zahnmedizin ist in den letzten Jahren einer rasanten Entwicklung unterworfen gewesen. Gerade die Einführung von Dyract durch DENTSPLY DETREY 1993 hat die Verhältnisse am Markt der Komposits und Glasionomerzemente deutlich verändert. Eine ganze Reihe von Herstellern folgte dem von Dentsply aufgezeigten Weg und versuchte mit Eigenentwicklungen am Erfolg teilzuhaben.

Aufgrund seiner langen klinischen Bewährungszeit und der Erfahrungen, die ein solcher Zeitvorsprung mit sich bringt, sind am Dyract–System im Laufe der Zeit einige Veränderungen vorgenommen worden. Bekannt geworden ist die Erhöhung der Fluoridfreisetzung mit einer neuen fluoridhaltigen Komponente ab Mitte 1995.

Mit der Einführung von Dyract AP zur Internationalen Dentalschau (IDS) 1997 in Köln hat DENTSPLY einen neuen, weiteren Schritt auf dem Weg der kontinuierlichen Weiterentwicklung getan.

Im Vergleich zum Dyract wurden im Dyract AP alle Inhaltsstoffe zum Teil wesentlich verändert. Die durchschnittliche Partikelgrösse wurde auf 0,8 Mikrometer reduziert. Dies führt zu einer grösseren Widerstandsfähigkeit, einem geringeren Verschleiss, einer grösseren Fluoridfreisetzung und der Fähigkeit zur verbesserten und stabileren Politur.

AP–Komposition

Neue Entwicklungen - Physikalische Eigenschaften

Die organische Matrix wurde modifiziert durch die Addition einer geringen Menge eines hochvernetzenden Monomers. Dies führt zu einer erheblichen Zunahme im Bereich der Härte und Widerstandsfähigkeit der Matrix.

Schliesslich wurde das Polymerisationssystem mit gleicher Zielsetzung modifiziert.

Verbesserungen zwischen Dyract und Dyract AP
Grössere Widerstandsfähigkeit
Geringerer Verschleiss
höhere Fluoridfreisetzung
Verbesserte Isolierbarkeit

Verbesserungen des ersten Kompomers Dyract in der neuen Generation Dyract AP (DENTSPLY, 1997) 90

Physikalische Eigenschaften

Das 1997 eingeführte Dyract AP hat die Zielsetzung der Maximierung von Druck– und Biegefestigkeit. Erste Berichte über die verbesserten Werkstoffeigenschaften von Dyract AP liegen vor, wobei naturgemäss primär der Hersteller zum Zeitpunkt der Markteinführung die meisten in–vitro–Daten liefern kann (DENTSPLY, 1997) (Abb. 91, S. 173).

Druck– und Biegefestigkeit

Die Druckfestigkeit von Dyract AP liegt 24 h nach Erstellung der Versuchsproben in vergleichbarer Höhe mit bekannten Komposits und damit deutlich höher als bei Dyract. Nach einem Monat Wasserlagerung erreicht Dyract AP sogar Werte wie traditionelle Komposits. Auch die Biegefestigkeit von Dyract AP liegt im Vergleich in gleicher Höhe wie bei Hybridkomposits (Abb. 92, S. 174).

Härte

Die VICKERS–Härte von Dyract AP erreicht mit 68 HV einen deutlich höheren Wert als die des 1993 eingeführten Dyracts (55 HV). Im Vergleich dazu hat ein traditionelles Komposit eine Härte von 72 HV (Spectrum TPH). Hierbei spielen

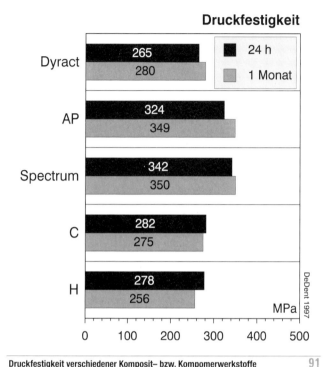

Druckfestigkeit verschiedener Komposit- bzw. Kompomerwerkstoffe

wahrscheinlich sowohl die Verringerung der Füllpartikelgrösse als auch die verbesserte interne Vernetzung der Matrix eine grosse Rolle (Abb. 93, S. 175).

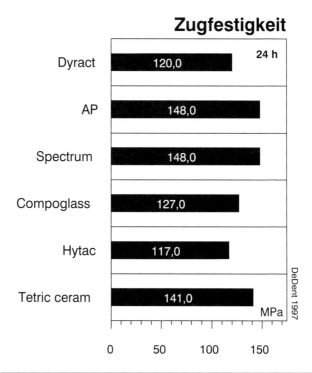

Zugfestigkeit verschiedener Komposit- bzw. Kompomerwerkstoffe   92

Abrasion

Die Abnutzung eines Füllungsmaterials kann mit standardisierbaren Methoden gemessen werden; die Ergebnisse solcher Messungen entsprechen aber nur in seltenen Fällen klinischen Gegebenheiten. Angaben zur Abnutzung liegen nach der Methode von LEINFELDER (1989) vor, wobei Kaubewegungen unter Belastung (7,7 kg) simuliert werden in der Anwesenheit von Wasser und Polymethacrylatkugeln mit einem mittleren Durchmesser von 44

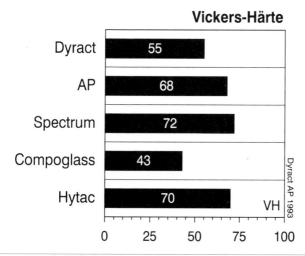

Vickershärten verschiedener Komposit- bzw. Kompomerwerkstoffe

Mikrometern. Nach 250.000 Zyklen wird der Abnutzungsgrad mit einem Profilometer ermittelt.

In einer zweiten, vom Academic Centre for Dentistry Amsterdam (ACTA) entwickelten Methodik (DE GEE, PALLAV 1994) rotiert ein mit Prüfmustern versehenes Drehrad gegen ein antagonistisches Rad; die Bewegungen erfolgen in einem Medium aus Reis und Hirse. Drehgeschwindigkeit und Schlupf werden ebenso wie die Belastung definiert. Auch in dieser Methode erfolgt die Auswertung profilometrisch.

Schliesslich gibt es eine weitere Testmethode, entwickelt an der Universität Zürich (KREJCI, LUTZ 1997) bzw. in modifizierter Form in München (KUNZELMANN, 1997). Dabei wird in einem Kausimulator ein natürlicher Zahn mit dem Prüfmaterial beschickt und 1,2 Millionen Kauzyklen in Wasser mit einer antagonistischen Schmelzscherbe unterworfen. Ein simultanes

Neue Entwicklungen - Fluorid–Freisetzung

Thermocycling wird durchgeführt. Der Vertikalverlust wird schliesslich mit einem dreidimensionalen Scanner gemessen, die Belastungszonen elektronenmikroskopisch ausgewertet.

In den Tests nach LEINFELDER (1989), DE GEE und PALLAV (1994) bzw. KREJCI und LUTZ (1997) erreichte Dyract AP eine Abnutzungsrate, die der Rate von Komposit entspricht (Abb. 94, S. 176).

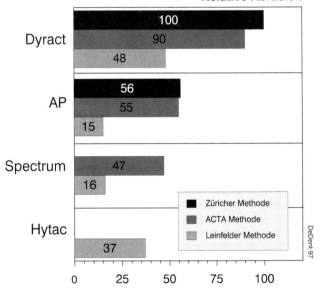

Abrasionsraten verschiedener Komposit– bzw. Kompomerwerkstoffe.im Vergleich; je nach Messmethode (Zürich, Acta, Leinfelder) ergibt sich eine unterschiedliche Gewichtung. 94

Fluorid–Freisetzung — Die Fluoridfreisetzung von Dyract AP konnte gegenüber Dyract nochmals verbessert werden. Die Ursache mag vor allem an der kleineren Füllkörpergrösse liegen, da – wie beschrieben – die Fluoridfreisetzung eine Funktion der Oberfläche zu sein scheint (Abb. 95, S. 177).

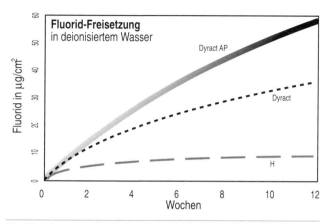

Fluoridfreisetzung verschiedener Kompomere in deionisiertem Wasser über einem Zeitraum von 12 Wochen.

95

Die Widerstandskraft von Dyract AP gegen Frakturen ist mit einem Wert von 1,28 MPa m^{0,5} deutlich höher als der von traditionellen Glasionomerzementen (0,5 MPa); sie erreicht noch nicht ganz den Wert gängiger Hybridkomposite (1,75 MPa m^{0,5}).

Dyract AP erreicht in Verarbeitung mit Prime&Bond am feuchten Dentin Adhäsionswerte von 20,1 MPa.

Frakturanfälligkeit

Die von den beiden Faktoren Opazität bzw. Transluzenz und Farbe bestimmte Ästhetik ist eine der wichtigen Anforderungen moderner Adhäsivtechnik. Eine korrekte Farbe wirkt bei zu hoher Opazität der Füllungsmaterials unnatürlich; ein transluzentes Material passt sich der Umgebungsfarbe harmonischer an. Dieser "Chamäleon–Effekt" ist wünschenswert, wenn auch eine zu hohe Transluzenz je nach Hintergrund (dunkle Mundhöhle) Farbverfälschungen verursacht. Der optimale Trans-

Ästhetik

luzenzwert liegt bei 40–45% und wird von Dyract wie auch Dyract AP erreicht.

Auch die exzellente Farbstabilität konnte experimentell bestätigt werden.

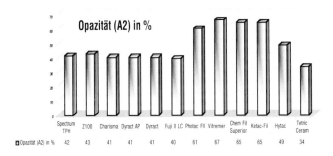

Opazität diverser Füllungsmaterialien im Vergleich (DENTSPLY, 1997).

Klinische Ergebnisse

In ersten klinischen Studien wurde auch Dyract AP hervorragend bewertet. LATTA und BARKMEIER (CREIGHTON UNIVERSITY, USA) führten eine Studie in der Indikationsklasse V entsprechend den ADA–Kriterien durch (n=39). Es wurde keine postoperative Sensibilität beobachtet. Alle Restaurationen waren klinisch zufriedenstellend, keine Füllungsverluste waren zu verzeichnen.

JEDYNAKIEWICZ und MARTIN (UNIVERSITY OF LIVERPOOL, UK) bestätigten diese Ergebnisse in der Indikationsklasse V in einem ersten Report ebenfalls. Von 64 plazierten Restaurationen konnten 62 im 6–Monatsrecall examiniert werden. Alle Restaurationen wurden in allen Kriterien mit alpa bewertet. Die 12–Monatsergebnisse scheinen ebenso stabil zu sein.

ROETERS, FRANKENMOLEN, HOOIVELD, SMALE und KUSTERS–VISSEREN untersuchen die Effizienz und Sicherheit von Dyract AP beim Einsatz in Kavitätenklassen I und II. Nach 12 Monaten waren 32 Restaurationen bei 30 Patienten für eine Inspektion verfügbar. Keine postoperative Sensibilität konnte festgestellt werden. Die marginale Integrität war annähernd stabil, eine Verfärbungstendenz kaum bemerkbar. Keine Sekundärkaries wurde beobachtet. Im Vergleich mit den Ergebnissen von Dyract erschienen die Ergebnisse von Dyract AP besser, vor allem im Hinblick auf stressverursachte Abnutzungserscheinungen.

An der Universität München testeten BENZ, GUST, FOLWACZNY, BENZ und HICKEL (1998) die Anwendung von Dyract AP in der Klasse I und II. Nach 6 Monaten ergab sich im Recall der 78 untersuchten Füllungen eine Retention von 100% bei Dyract AP gegenüber 98% des Kontroll–Komposits

(Feinpartikel–Hybrid). Dyract AP erreichte in der anatomischen Form das alpha–Rating; keine klinischen Zeichen einer marginalen Randspaltbildung oder einer Verfärbung wurden beobachtet.

JEDYNAKIEWICZ und MARTIN (1998) untersuchten an der Universität Liverpool eine identische Indikation. 39 der gelegten 42 Restaurationen konnten nach 6 Monaten überprüft werden. Die Retentionsrate betrug 100%, die Oberflächenkontur war vollkommen intakt. Alle Zähne waren asymptomatisch. Eine Übersicht über die vorhandenen Studien zeigt Tabelle 86 auf Seite 167 ff.

13.2. Gefüllte Dentinadhäsive

Im Bereich der Adhäsive, die die Anheftung von Kompomeren wie Kompositen vermitteln, stellte DENTSPLY im Juli 1998 eine neue Technologie vor, die von einigen Autoren als möglicherweise richtungsweisend angesehen wird. Dabei handelt es sich um ein Adhäsivsystem, das neben kurz– und langkettigen Harzen auch Füllkörper im Nanometerbereich enthält (Abb. 97, S. 180). Mit der Einführung der neuen Technologie erhöhte

Nanotechnologie

Neue Entwicklungen - Adhäsionswerte

Komponenten	Funktion
Penta	Adhäsion, Benetzung, Quervernetzung
UDMA–Harz	Intermediäre Elastizität während des Härtungsvorgangs
R5–62–1	Elastizitätsvermittler im ausgehärteten Netzwerk
T–Harz	Kleine, quervernetzende Moleküle
D–Harz	Kleine, mobile Harze zur Verbesserung der Dentininfiltration
Nanofüller	Füllkörper zur Verbesserung der Härte und Vernetzung
Initiatoren	Start der Lichthärtung
Stabilisierer	Lagerungsstabilität
Cetylamin–Hydrofluorid	Fluoridquelle; Vermeidung von Karies
Azeton	Lösungsmittel und Träger der Harze; Wasser–Substitution

Prime&Bond NT – Übersicht über das erste nanogefüllte Adhäsivsystem 97

DENTSPLY gleichzeitig die Gesamt-Harzkonzentration des Materials zur besseren Sättigung. Ein kurzkettiges Harz (D–Resin) dient der Verbesserung der Infiltration des Materials in die porösen Dentin-Strukturen, ein quervernetzendes T–Resin verdichtet das Netzwerk der Matrix. Auch die zugefügten Füllerpartikel im Nanometer-Grössenbereich erhöhen den Gesamtvernetzungsgrad des Adhäsivs. Die Partikel sind mit etwa 7 nm ausreichend klein, um zwischen den Kollagen-Mikrofibrillen (Durchmesser 5–10 nm) in die Dentinkanälchen (Durchmesser 20 nm) gelangen zu können.

Adhäsionswerte

Bisher liegen vor allem in–vitro–Daten zu Prime&Bond NT vor, die deshalb in Beziehung gesetzt werden sollten zu bekannten Adhäsiven oder Referenzwerten. Geht man von einem wünschenswerten Adhäsionswert zwischen 17 und 20 MPa aus, so erreichte Prime&Bond NT in den bekannten Untersuchungen in Kombination mit Dyract AP bzw. Spectrum ausreichende Werte. Dies betraf auch die herstellerkonforme Anwendung in

Neue Entwicklungen - Werkstoffliche Parameter

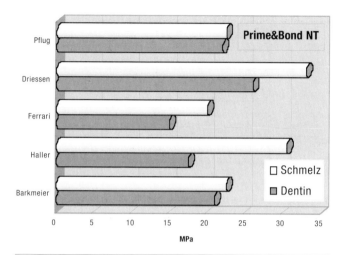

Prime&Bond NT: Adhäsionswerte mit Dyract AP an Schmelz und Dentin nach konventioneller Ätzung (In-vitro-Ergebnisse versch. Autoren) 98

einer Schicht; sogar ohne Ätzung wurde ein Wert von etwa 19 MPa erreicht.

In gegenüberstellenden Untersuchungen zu bekannten Adhäsivsystemen zeigte Prime&Bond NT gute Ergebnisse, wobei jedoch die Langzeitbewährung noch aussteht.

Die Zugfestigkeit von Prime&Bond NT ist gegenüber Prime&Bond 2.1. deutlich verbessert worden, vor allem auch nach Wasserlagerung. Auch der E-Modul liegt beim neuen Adhäsivsystem höher.

Die Füllkörper innerhalb des NT-Systems führen wahrscheinlich auch dazu, dass die Fluoridfreisetzung einer grundlegenden Veränderung unterworfen ist. Während bei Prime&Bond 2.1. einem initialen Fluoridstoss eine niedrigere Langzeit-

Werkstoffliche Parameter

Neue Entwicklungen - Werkstoffliche Parameter

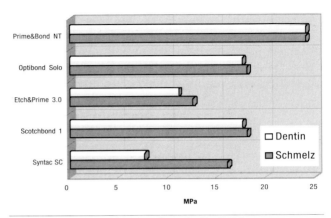

Adhäsionswerte diverser Adhäsive der 5. Generation (One Bottle) an Schmelz und Dentin im Vergleich   99

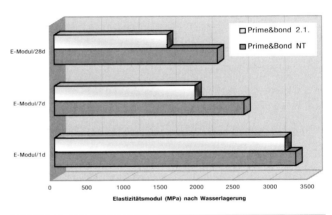

Elastizitätsmodul vom bisherigem und neuem Prime&Bond im Vergleich   100

freisetzung folgte, ist die initiale Freisetzung bei NT deutlich niedriger, wird aber gefolgt von einer kontinuierlich höheren Freisetzung während eines 25wöchigen Zeitraums (FERRACANA, 1998).

Neue Entwicklungen - Ultrastruktur

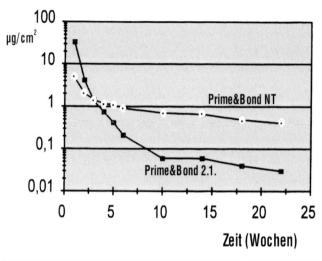

Fluoridfreisetzung von Prime&Bond 2.1. und NT im Vergleich   101

Ultrastruktur

Ultrastrukturelle Untersuchungen mit Confocal Laser Scanning Microskopy (CLSM), Scanning Electron Microskopy (SEM) und Transmission Electron Microscopy (TEM) zeigen, dass Prime&Bond NT einen etwa 4–6 µm dicken Hybridlayer ausbildet. Die Nanofiller–Partikel infiltrieren die gesamte Tiefe, auch die tags und stabilisieren die gesamte Adhäsivstruktur.

Klinik

Die Summe der Eigenschaften führt dazu, dass das Adhäsiv nicht mehr (wie Prime&Bond) zum mehrfachen Auftragen, sondern zum einfachen Auftragen gedacht ist. Dentsply empfiehlt eine Einwirkzeit von 20 Sekunden, bevor das Lösungsmittel verblasen wird und das Adhäsiv einer 10–20sekündigen Lichthärtung unterzogen werden sollte.

Neue Entwicklungen - Pretreatment

Adhäsiv–Dentin–Interface mit Prime&Bond NT. Die Nanofillerpartikel („Punktierung") sind deutlich kleiner als die herkömmlichen Füllkörper des Komposits (oben). (mod. n. PERDIGÃO, 1997; mit freundlicher Genehmigung von DENTSPLY DETREY)   102

Klinische Untersuchungen sind an den Universitäten Ulm, Michigan, Liverpool, Creighton, Hong Kong, Kuala Lumpur, Singapore, Umea und Valencia im Gang (PETERS, 1998; HALLER, SCHILLING, MOLL, 1998; GRÜTZNER, 1998)

13.3. Non–Rinse–Conditioner (NRC)

Pretreatment

Als einen weiteren Schritt bei der Vereinfachung der Füllungs–, vor allem auch der Amalgamersatz–Therapie zeichnet sich die Einführung modifizierter Vorbehandlungsmittel zur Ätzung und Konditionierung der

Zahnhartgewebe ab. Während von einigen Autoren Maleinsäure als Säure zur Konditionierung von Schmelz bzw. Dentin als weniger erfolgreich bezeichnet wird (FRANKEN- BERGER), scheint mit der neuen Komposition eines speziellen Ätz– und Priming–Mittels ein weiterer Schritt auf diesem Weg eingeschlagen zu sein.

NRC–Zusammensetzung

NRC besteht aus Maleinsäure zur Ätzung und Reinigung der Zahnoberfläche. Wasser dient als Lösungsmittel und garantiert den für die Ätzung notwendigen niedrigen pH. Die Doppelbindungen der Itakonsäure erlauben die Interaktion und Kopolymerisation mit funktionellen Gruppen z.B. aus Prime&Bond NT.

Diese Primer–Funktion wird dadurch begründet, dass Karboxylgruppen der Itakonsäure mit Kalziumionen der Zahnhartsubstanzen interagieren.

Das Produktdesign von NRC ist auf die kombinierte Verwendung mit Prime&Bond NT ausgerichtet.

Haftwerte

Zahlreiche Autoren (BARKMEIER, HALLER, POWERS, DRIESSEN, 1998) ermittelten Haftwerte zwischen 24 und 29 MPa (Füllungsmaterial SPECTRUM) bzw. 19 und 31 MPa (Füllungsmaterial Dyract AP) bei dieser Kombination am Schmelz. Am Dentin liegen die Haftwerte mit NRC bei 24,9 ±4,5 MPa (ohne 22,9 ±3,4 MPa) bei Spectrum, mit NRC bei 20,8±2,3 MPa (ohne 19,2 ± 3,8 MPa) bei Dyract AP.

Ultrastrukturelle Ergebnisse

Die ultrastrukturellen Ergebnisse (GWINNETT, 1998) wurden vor allem in Relation zur herkömmlichen Vorbehandlung durchgeführt. Für den Schmelzbereich ergab sich ein Ätzmuster, das dem bekannten Ätzmuster der Phosphorsäureeinwirkung sehr ähnelt (Abb. 39, S. 69). Das

Neue Entwicklungen - Ultrastrukturelle Ergebnisse

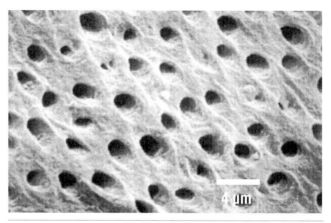

Dentin nach Phosphorsäureätzung (20 Sekunden)
(mod. n. GWINNETT, 1997; mit freundlicher Genehmigung von DENTSPLY DETREY)   103

Ätzbild des Dentins mit Phosphorsäure und NRC ist ebenfalls anscheinend identisch.

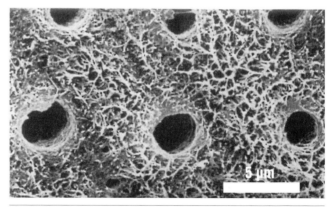

Dentin nach NRC–Vorbehandlung (20 Sekunden);
(mod. n. VAN MEERBEEK, 1997; mit freundlicher Genehmigung von DENTSPLY DETREY)   104

Neue Entwicklungen - Klinische Überlegungen

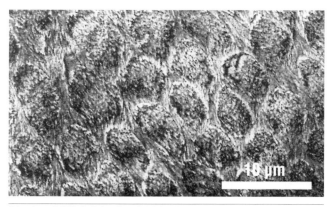

Schmelz nach NCR–Vorbehandlung (20 Sekunden)
(mod. n. VAN MEERBEEK, 1997; mit freundlicher Genehmigung von DENTSPLY DETREY)   105

Der Hersteller des NRC – hier sei an die verschärften Auflagen im Zusammenhang mit dem Medizinproduktgesetz erinnert – empfiehlt die Methodik zur Zeit nur in Kombination mit Dyract AP. Dabei sollte eine Mindestdentindicke über der Pulpa von 1mm vorliegen; andernfalls sind Massnahmen einer direkten oder indirekten Überkappung notwendig. Für die meisten Indikationen reicht nach Angaben Dentsplys die blosse Verwendung von Prime&Bond NT aus – lediglich bei stresstragenden Füllungen der Klassen I und II, bei der Klasse IV und bei Abschrägungen im Schmelz (erhöhte ästhetische Anforderungen) ist die NRC–Konditionierung empfohlen.

Inwieweit der Ersatz traditioneller Ätzmittel durch neue Mixturen organischer Säuren sich klinisch durchzusetzen vermag, bleibt abzuwarten. Im Sinne einer Vereinfachung der Therapie (kein Abspülen der Säure, keine erneute Isolation der Kavität) kann NRC ein wichtiger Schritt sein.

Klinische Überlegungen

Neue Entwicklungen - Klinische Überlegungen

14 Literaturverzeichnis

Abdalla AI, Alhadainy HA (1997).
Clinical evaluation of hybrid ionomer restoratives in Class V abrasion.
Quintessence Int 28:4, 255–258

Abdalla AI, Alhadainy HA, Garcia–Godoy F (1997).
Clinical evaluation of glass ionomers and compomers in Class V carious lesions.
Am J Dent 10:1;18–20.

Aboush YEY, Torabzadeh H, Lee AR (1995)
One–year fluoride release from fluoride–containing restorative materials.
J. Dent. Res. 74:3;881/478.

Antonucci JM, McKinney Je, Stansbury JW (1988)
US Patent Application 160856

Apostolopoulos C, Lagouvardos P, Oulis CJ (1996).
Three point bend strength of repaired resin modified ionomers.
Abstract for EAPD Bruges; O–4.

Attin T, Buchalla W, Hellwig E (1996).
Influence of enamel conditioning on bond strength of resin–modified glass–ionomer restorative materials and polyacid–modified composite resins.
Submitted for publication.

Attin T, Buchalla W, Kielbassa AM, Hellwig E (1995).
Curing shrinkage and volumetric changes of resin–modified glass ionomer restorative materials.
Dent. Mater. 11:6;359–362.

Attin T, Buchalla W, Vataschki M, Kielbassa AM, Hellwig E (1995).
Enamel and dentin bond strength of light–cured glass ionomer restorative materials.
J. Dent. Res. 74:SI;475/594.

Attin T, Kielbassa AM, Plogmann S, Hellwig E (1996).
Fluoridfreisetzung aus Kompomeren im sauren und neutralen Milieu.
Dtsch. Zahnärztl. Z. 51:11;675–678.

Attin T, Vataschki M, Buchalla W, Kielbassa AM, Prinz H, Hellwig E (1996).
Randqualität von "lichthärtenden" Glasionomerzementen und Dyract in keilförmigen Defekten, Klasse I– und Klasse V–Kavitäten.
Dtsch. Zahnärztl. Z. 51:1;17–22.

Attin T, Vataschki M, Hellwig E (1996).
Properties of resin–modified glass–ionomer restorative materials and two polyacid–modified resin composite materials.
Quintessence Int. 27:3;203–209.

Attin T, Opatowski A., Buchalla W(1998)
Klinischer Vergleich zwischen Klasse–II–Milchzahnrestaurationen aus einem Kompomer und einem Feinpartikelhybridkomposit.
122. Jahrestagung der DGZMK 1998, Autorenreferat

Balz M, Zamani A, Reich E (1997).
Okklusionstragende Füllungen der Klasse I und II mit Kompomeren.
Autorenreferat DGZ–Tagung Freiburg: 166.

Baroni C, Franchini A (1996).
Uso del Dyract nei trattamenti pedodontici.
DENTSPLY Italia: Dyract Roma,
10–11.

Bauer CM, Kunzelmann KH, Hickel R (1995)
Simulierter Nahrungsabrieb von Kompositen und Ormoceren
Dtsch zahnärztl Z 50 (9), 635–8

Bauer CM, Kunzelmann KH, Hickel R (1996).
Silikophosphat– und Glasionomerzemente – eine Amalgamalternative?.
Dtsch. Zahnärztl. Z. 51:6;339–341.

Bell CJ (1994).
De Trey/Dentsply Dyract. A clinical evaluation.
Dental Practice.

Beltrame A, Mason PN, Calabrese M, Graiff L (1994).
Compomer: Una nuova generazione di materiali dentali per restauri estetici? Uso clinico in Pedodonzia.
I Con. Naz. dei Docenti di Odontoiatria Rome.

Blackwell G, Käse R (1996).
Technical characteristics of light curing glass–ionomers and compomers.
Academy of Dental Materials Transactions 9:77–88 (Munich Symposium Proceedings).

Blunck U (1996).
Hinweise zur praktischen Anwendung von Kompomeren und Kompositmaterialien in Kombination mit Dentinhaftmitteln.
Quintessenz 47:2;189–201.

Literaturverzeichnis - alphabetisch

Blunck U (1997)
Die Versorgung von Zahnhalsdefekten
ZM 87 (9), 2333

Blunck U, Richter T, Fotiadis A, Roulet F (1998)
Klinische Studie mit Kompomer- und Kompositfüllungen zur Versorgung von Zahnhalsdefekten. Resultate nach 18 Monaten.
122. Jahrestagung der DGZMK 1998, Autorenreferat

Borutta A (1995).
Milchzahnkaries und ihre Therapie.
ZMK 11:9/10;6–12.

Botelho M, Coogan MM (1995).
Antibacterial properties of glass ionomer containing dental materials. J.
Dent. Res. 74:3;1016/69.

Bott B, Hannig M, Griensmann S (1997)
Sandwichfüllungen in dentinbegrenzten Klasse–II–Kavitäten
Dtsch. Zahnärztl Z 52;809.

Braem MJA, Lambrechts P, Gladys S, Vanherle G (1995).
In vitro fatigue behavior of restorative composites and glass ionomers.
Dent. Mater. 11:2;137–141.

Buchalla W, Attin T, Hellwig E (1996).
Influence of dentin conditioning on bond strength of light–cured ionomer restorative materials and polyacid–modified composite resins.
Submitted for publication.

Buonocore M G (1955)
A simple method of increasing the adhesion of acrylic filling materials to enamel surfaces
J Dent Res 34, 849

Burke FJT (1994).
Evaluation of Dyract. Product research and evaluation by practitioners (PREP panel).
Internal Report to DENTSPLY DeTrey.

Campanella V, Marzo G, Gallusi G (1994).
Valutazione clinica di un materiale „Compoionomerico" nella conservativa dei decidui.
I Con. Naz. dei Docenti di Odontoiatria Rome.

Cianconi L (1996).
II Compomer Dyract: utilizzo nelle diverse patologie dentali.
DENTSPLY Italia: Dyract Roma, 32–38.

Clinical Research Associates (1995).
Glass ionomer–resin restorative materials.
CRA News 19:6;1–2.

Cortes O, Garcia–Godoy F, Boj JR (1993).
Bond strength of resin–reinforced glass ionomer cements after enamel etching.
American J. Dentistry 6:6;2–4.

Davidson CL, de Gee AJ, Feilzer A (1984)
The competition between the composite–dentin bond strength and the polymerization contraction stress
J Dent Res 63, 1396

Davidson CL, de Gee AJ (1996).
Verschleissverhalten dentaler Composite–Materialien.
Phillip Journal 13:5/6;171–177.

Davies EH, Pearson GJ, Anstice HM, Moronfolu C (1995).
Studies on release/absorption from resin–modified glass–ionomers and related materials.
J. Dent. Res. 74:3;833/90.

De Fazio P, Delle Fratte T, Tucci A (1996).
Valutazione in vitro del sigillo marginale in otturazioni eseguite con un materiale compomero: Dyract.
DENTSPLY Italia: Dyract Roma, 29–31.

De Witte AMJC, Verbeeck RMH, Martens LC (1996).
The balance between initial fluoride release and fluoride uptake of GIC.
Abstract for EAPD Bruges; P–112.

Dentsply DeTrey GmbH (1995).
Das Compomer Dyract – pro und kontra.
Phillip Journal 12:11;513–514.

Dentsply DeTrey GmbH (1998)
Prime&Bond NT Nano–Technology Dental Adhesive
DeTrey Publishing

Dentsply DeTrey GmbH (1998)
NRC: Non–Rinse Conditioner; Technical Manual
DeTrey Publishing
Dentsply DeTrey GmbH (1997)
Dyract Cem – Werkstoffkunde und Klinik
DeTrey Publishing

DGZMK (1995).
Füllungswerkstoffe und ihre Indikation.
ZM 85:15;49.

Dijken JWV van (1995).
Clinical evaluation of Dyract, Vitremer, Permagen and Syntac.
J. Dent. Res. 74:SI;433/259.

Literaturverzeichnis - alphabetisch

Dijken JWV van (1996).
3–year clinical evaluation of a compomer, a resin–modified glass ionomer and a resin–Composite in Class III restorations.
American J. Dentistry 9:5;195–198.

Dijken JWV van (1996).
Clinical investigation of Dyract for Class III restorations at the University of Umea, 3–year results.
Summary by Dentsply. DENTSPLY De Trey Publication.

Dionysopoulos P, Kotsanos N, Papadoyiannis I, Konstantinidis A (1996).
Artificial secondary caries around some new F–containing restoratives.
Abstract for EAPD Bruges; 0–6.

Div (1995).
Restaurationsmaterialien – Indikationen.
Schweiz. Ver. f. präv. u. rest. Zahnmed.

Div (1996).
Editors' choice.
The Dent. Adv. + 6:1;1–2.

Div (1996).
Compomers.
The Dent. Adv. 13:3;7.

Div (1996).
Pediatric posterior restorations.
CRA News 20:9;3.

Div (1996).
Dentinhaftvermittler, neueste Systeme.
CRA News (D) 4:1–3.

Div (1996).
Dentin–resin adhesion, newest systems.
CRA News 20:5;1–3.

Div (1996).
Seitenzahnrestaurationen an Milchmolaren – 1996.
CRA News (D) 4:3.

Dondi dall'Orologio G, Lorenzi R, Monaco C (1996).
Il rinforzo delle cuspidi nei premolari trattati endodonticamente.
DENTSPLY Italia: Dyract Roma, 26–27.

Dorniok R, Klimm W, Pöschmann M (1996).
In–vitro Untersuchungen zur mikrobiellen Randspaltbesiedlung bei Klasse–V–Restaurationen.
Autorenreferat DGZ–Tagung Münster.

Dupuis V, Cattani MA, Meyer JM (1995).
Effect of water on mechanical properties of photocurable glass ionomer cements.
J. Dent. Res. 74:3;913/16.

Dupuis V, Moya F, Cattani MA, Meyer JM, (1996).
Comparison of water uptake on two resin–modified GIC and compomer.
Abstract for CED of IADR Berlin; 408.

Duschner H, Ernst CP, Götz H, Rauscher M (1995).
Advanced techniques of micro–analysis and confocal microscopy: Perspectives for studying chemical and structural changes at the interface between restorative materials and the cavity wall.
Adv. Dent. Res. 9:4;355–362.

Eberhard H, Hirschfelder U, Ebert J (1995).
Kompomere – eine neue Bracketklebergeneration in der Kieferorthopädie?.
Autorenreferat DGZMK–Tagung Wiesbaden; 4.

Elderton RJ, Bell CJ, Aboush YEY, Vowles RW, Marshall KJ (1996).
Clinical investigation of Dyract and Dyract–PSA prime/adhesive for cervical lesions at the University of Bristol, 3–year results.
Summary by Dentsply. DENTSPLY De Trey Publication.

Eliades G, Kakaboura A, Palaghias G (1996).
An FTIR study on the setting mechanism of resin modified glass–ionomer restoratives.
DENTSPLY De Trey Publication.

Ellakuria J, Triana R, Prado C, Minguez N, Prado J, Cearra P (1996).
Microhardness of four light–cured glass ionomer restorative materials.
Abstract for CED of IADR Berlin; 326.

Engelbrecht J (Fa. DMG). (1985)
DE 3536076, EP 0219058, US Pat. 4872936, JP 2132069; Priorität 9.10.1985

Erler G, Erler M, Schneider H, Merte K(1998)
Dentin-Adhäsiv-Interaktion an der präparierten Kavität mit /ohne Anästhesie.
122. Jahrestagung der DGZMK 1998, Autorenreferat

Ernst CP, Weckmüller C, Willershausen B (1995).
Milchzahnaufbauten mit Kompomeren.
Schweiz. Monatsschr. Zahnmed. 105:5;665–669.

Ernst CP, Willershausen B (1995).
Sichere Behandlungsmöglichkeiten bei gestörter Schmelzbildung im Milchgebiss.
ZM 85:19;50–53.

Literaturverzeichnis - alphabetisch

Ernst CP, Post M, Willershausen B(1998).
Der Einfluß der Kavitätendesinfektion auf den Haftverbund von Dentinadhäsivsystemen.
122. Jahrestagung der DGZMK 1998, Autorenreferat

Ferrari M (1996).
Uso combinato di Dyract e Prime & Bond 2.0: valutazioni cliniche e sperimentali in vivo.
DENTSPLY Italia: Dyract Roma, 42–46.

Fischer J, Lampert F, Marx R (1998)
Langsame Rissausbreitung in Kompomeren
Dtsch Zahnärztl Z 53, 156

Fischer J, Lampert F, Marx R (1998)
Werkstoffkundliche Parameter neuer Compomer-Materialien
ZWR, 107: 3, 127

Flessa HP, Bauer C, Al–Kathar N, Kunzelmann KH, Hickel R (1995).
Wear resistance and gap formation in Class–I–cavities using silico–phosphat–cements and glassionomer–cements.
J. Dent. Res. 74:SI;538/1099.

Forsten L (1994).
Fluoride release of glass ionomers.
Proc. 2nd Int. Symp. on Glass Ionomers 1:241–248.

Frankenberger R, Krämer N, Sindel J (1996).
Haftfestigkeit und Zuverlässigkeit der Verbindung Dentin–Komposit und Dentin–Kompomer.
Dtsch. Zahnärztl. Z. 51:10;556–560.

Frankenberger R, Sindel J, Krämer N, Pelka M (1996).
Dentin bond strength of different adhesives to primary teeth.
ADM–Transactions 9:280.

Frankenberger R, Krämer N, Graf A, Sindel J(1998)
Zyklische Ermüdung von Glasionomerzementen und Kompomeren.
122. Jahrestagung der DGZMK 1998, Autorenreferat

Frankenmolen FWA (1994).
Dyract compomeer: potentieel succes in kindertandheelkunde.
Nederlands Tandartsenblad 49:5;237.

Friedl KH, Schmalz G, Hiller KA, Shams M (1996).
Hybrid ionomers – long–term fluoride release and influence on bacterial growth.
Abstract for CED of IADR Berlin; 36.

Friedl KH, Schmalz G, Hiller KH, Mortazavi F (1995).
Marginal adaption of composite fillings vs. hybrid–ionomer/composite sandwich fillings.
J. Dent. Res. 74:SI;493/742.

Fritz U, Finger W, Uno S (1995).
Resin–modified ionomer cements: long–term bonding to enamel and dentin.
J. Dent. Res. 74:SI;475/593.

Fröhlich M, Schneider H, Merte K (1996)
Oberflächeninteraktionen von Dentin und Adhäsiv – eine qualitative Studie
Dtsch Zahnärztl Z 51; 173–176

Fusayama T, Okuse K, Hosada H (1966)
Relationship between hardness, discoloration and microbial invasion in carious dentin
J Dent Res 45, 1033

Garneli A, Bubb NL, Dunne SM, Scheer B, Wood DJ (1996).
A comparative study of the fluoride release from four commercial cements.
Abstract for EAPD Bruges; P–111.

Goracci G (1996).
L'utilizzo dei cementi vetroionomeri rinforzati con resine nei restauri di V classe (il compomero Dyract).
DENTSPLY Italia: Dyract Roma, 8–9.

Grippo JO, Simring M (1995).
Dental 'erosion' revisited.
JADA 126:5;619–630.

Grützner AE (1996).
Dyract Compomer.
China Connect 6;46–48 (chin.).

Grützner AE (1995).
Innovationen für die Zahnheilkunde Band 2, Teil 18: Kompomere in der Füllungstherapie.
Spitta Verlag

Häfer M, Merte K (1998)
Klinische Nachuntersuchungen zur Qualität von zahnfarbenen adhäsiven Restaurationen.
122. Jahrestagung der DGZMK 1998, Autorenreferat

Haller B, Günther J (1998)
Randqualität von Klasse–II–Kompomerfüllungen
Dtsch Zahnärztl Z 53, 330

Haller B, Walter F(1998)
Zur Frage der Matrizentechnik bei dentinbegrenzten Klasse-II-Kompositfüllungen.
122. Jahrestagung der DGZMK 1998, Autorenreferat

Hannig M, Bott B, Höhnk HD, Mühlbauer EA (1997).
CbC filling – A new concept for tooth–colored Class II restorations with proximal margins located in dentin.
J Dent Res 76 (spec Issue); 314 (#2403)

Literaturverzeichnis - alphabetisch

Hannig M, Bott B(1998)
Randschlußverhalten von Klasse-II-Kompositfüllungen nach Schmelzkonditionierung mit selbstätzenden Primern.
122. Jahrestagung der DGZMK 1998, Autorenreferat

Harnirattisai C, Inikoshi S, Hosada H, Shimada Y (1992)
Interfacial morphology of an adhesive composite resin and etched caries – affected dentin
Oper Dent 17, 222

Harnirattisai C, Inikoshi S, Hosada H, Shimada Y (1993)
Adhesive interface between resin and dentin of cervical erosion/abrasion lesions
Oper Dent 18, 138

Hickel R (1994).
Die zervikale Füllung.
Dtsch. Zahnärztl. Z. 49:1;13–19.

Hickel R, Kremers L (1996).
Kompomere.
Quintessenz 47:11;1581–1589.

Hildebrand HC, Schriever A, Heidemann D (1995).
Randverhalten von zervikalen Füllungen mit Ketac–Fil und Dyract an Permanentes und Decidui in vitro.
Dtsch. Zahnärztl. Z. 50:11;787–789.

Hofmann N, Hugo B, Dietrich M, Klaiber B(1998)
Vergleich unterschiedlicher Methoden zur Randdichtigkeitsüberprüfung am Beispiel von Kl. V-Kompositfüllungen.
122. Jahrestagung der DGZMK 1998, Autorenreferat

Irie M (1994).
Marginal gap formation of light–activated glass ionomer restoration: Effect of polishing period.
Japanese Dentistry Meeting.

Jacobsen T (1994).
Observations on the performance of Dyract in general practice. Class I and II restorations.
Internal Report to DENTSPLY DeTrey.

Jedynakiewicz NM, Martin N, Fletcher JM (1994).
A clinical evaluation of a new ionic composite and an adhesive.
J. Dent. Res. 73:4;854/540.

Jedynakiewicz NM, Martin N, Fletcher JM (1995).
A clinical evaluation of a new self–priming dentine adhesive.
J. Dent. Res. 74:3;897/601.

Jedynakiewicz NM, Martin N, Fletcher JM (1995).
A clinical evaluation of a high–fluoride self–priming adhesive.
J. Dent. Res. 74:3;897/602.

Jedynakiewicz NM, Martin N, Fletcher JM (1996).
Clinical investigation of Dyract for Class V restorations at the University of Liverpool, 3-year results. Summary by Dentsply.
DENTSPLY De Trey Publication.

Jedynakiewicz NM, Martin N, Fletcher JM (1997)
A three year clinical evaluation of a compomer restorative.
J Dent Res 76:SI;1189.

Jedynakiewicz NM, Martin N, Fletcher JM (1997).
Clinical investigation of the experimental compomer K95–181582 for Class V restorations at The University of Liverpool.
Internal Report to DENTSPLY DeTrey.

Jedynakiewicz NM, Martin N, Fletcher JM (1997).
Clinical investigation of the experimental compomer K95–181582 for Class I & II restorations at The University of Liverpool.
Internal Report to DENTSPLY DeTrey.

Jodkowska E, Iracki J, (1996).
Shear bond strength of compomers to dentin and enamel.
Abstract for CED of IADR Berlin; 419.

Jung M (1995).
Vergleichende Oberflächenbearbeitung lichthärtender Glasionomer–Füllungsmaterialien.
Dtsch. Zahnärztl. Z. 50:2;160–163.

Kakaboura A, Eliades G, Palaghias G (1995).
Evaluation of the extent of the acid–base reaction in Dyract restorative material.
Abstract for CED of IADR Ljublana; 9.

Kamann WK, Gängler P (1998)
Materialkunde der Kompositwerkstoffe
Dentalmagazin 98 (1): 6

Kielbassa AM, Attin T, Hellwig E (1994)
Der Einsatz des Kariesdetektors als diagnostisches Hilfsmittel bei der Therapie der Caries profunda
Endodontie 3, 207

Kielbassa AM, Wrbas KT, Hellwig E (1996).
Bond strength of various glass ionomers to perfused primary dentin.
Abstract for EAPD Bruges; P–107.

Literaturverzeichnis - alphabetisch

Kielbassa AM, Wrbas K-Th, Schaller, H.G., Hellwig E. (1998)
Untersuchungen zur Haftung von Kompomeren auf unterschiedlich kontaminiertem Schmelz.
122. Jahrestagung der DGZMK 1998, Autorenreferat

Kimura T, Tanaka N, Ino M, Onozawa T, Tokuda K, Katoh Y (1996).
Study on the light–cured restorative glass ionomer cement. Physical properties of Dyract.
Jap J. Conservat 39:5;1075–1083.

Klöpfer N, Mehl A, Kremers L, Hickel R (1996).
Nd:YAG and Er:YAG laser effects on the marginal quality of Class V cavities.
ADM–Transactions 9:239.

Knorr U, Zikarsky B (1994).
Das Q uellverhalten von Kompomerzementen bei Füllungen der Black–Klassen I und II. Ergebnisse einer Ein–Jahres Studie.
Internal Report to DENTSPLY DeTrey.

Krämer N (1996).
Moderne Füllungstherapie im Milch– und Wechselgebiss.
Report to Dentsply.

Krämer N, Pelka M, Kautetzky P, Sindel J, Petschelt A (1997).
Abrasionsbeständigkeit von Kompomeren und stopfbaren Glasionomerzementen.
Dtsch Zahnärztl Z 52, 186

Krejci I (1993).
Standortbestimmung in der konservierenden Zahnmedizin.
Schweiz. Monatsschr. Zahnmed.103:5;614–618.
Krejci I (1992).
Zahnfarbene Restaurationen.
Carl Hanser Verlag München

Krejci I, Gebauer L, Häusler T, Lutz F (1994).
Kompomere – Amalgamersatz für Milchzahnkavitäten?.
Schweiz. Monatsschr. Zahnmed. 104:6;724–730.

Kunzelmann KH, Bauer M, Hickel R (1994).
Randdichtigkeit „lichthärtender" Glasionomerzemente und Kompoionomere in dentinbegrenzten zervikalen Kavitäten.
Autorenreferat DGZMK–Tagung Travemünde.

Kurz G (1993).
TEM – Analyse an einem Dentalwerkstoff zum Diffusionsmechanismus von Glasbestandteilen in die umgebende Polymermatrix.
Report to Dentsply.

Lang H, Schwan R, Nolden R (1996)
Das Verhalten von Klasse –V–Restaurationen unter Belastung
Dtsch Zahnärztl Z 51, 613

Lambrechts P, Van Meerbeek B, Perdig „o J, Gladys S, Braem M, Vanherle (1996).
Restorative therapy for erosive lesions.
Eur. J. Oral Sci. 104:2/II;229–40.

Lavis JF, Peters MCRB, Mount GJ (1995).
In vitro changes to Dyract compomer restorative immersed in various media.
J. Dent. Res. 74:SI;491/727.

Leibrock A, Behr M, Rosentritt M, Handel G (1996).
Vergleichende In–vitro–Farbbeständigkeitsprüfung zahnfarbener Werkstoffe.
Dtsch. Zahnärztl. Z. 51:4;242–245.

Lim CC, Neo J, Yap A, Chan YM (1995).
Resin modified polyalkenoate cements: Influence of finishing time on microleakage.
J. Dent. Res. 74:SI;475/597.

Lioumi E, Papalexis E, Lagouvardos P, Oulis CJ (1996).
Effect of polymerizing factors on microhardness of resin modified glass ionomers.
Abstract for EAPD Bruges; 0–3.

Liu Y, Liao H, Li J (1995).
Evaluation of resin–modified glass ionomers in vitro and in vivo.
J. Dent. Res. 74:SI;475/596.

Loher C, Kunzelmann KH, Hickel R (1996).
Clinical evaluation of glass ionomer cements (LC) compomer– and composite restorations in Class–V–cavities.
Abstract for CED of IADR Berlin; 410.

Lösche AC, Lösche GM, Roulet JF (1996).
Lichthärtende Glasionomerzemente und Kompomere zur Versorgung ausgedehnter Klassen–III–Kavitäten.
Dtsch. Zahnärztl. Z. 51:11;683–686.

Lutz F (1994).
Summarizing report on the state of the art of clinical application of the Dyract compomer restoration system.
Expert opinion for DENTSPLY DeTrey.

Lutz F, Krejci I (1994).
Mesio–occlusodistal amalgam restorations: Quantitative in–vivo data up to 4 years. A data base for the development of amalgam substitutes.
Quintessence Int. 25:3;185–190.

Literaturverzeichnis - alphabetisch

MacCabe JF (1996)
Resin–modified Glass–ionomers. Abstracts of the 1st European Union Conference on Glass–Ionomers

MacCabe JF, Wells AWG (1998).
Applied Dental materials. 8th ed.
Blackwell Science, Oxford

Mangani F (1996).
Dyract Compomer come „Build–Up" nel restauro conservativo diretto ed indiretto degli elementi posteriori trattati endodonticamente.
DENTSPLY Italia: Dyract Roma, 39–41.

Marks, Kreulen, Van Amerongen, Weerheijm, Akerboom, Martens (1996).
Compomer Class II in primary molars, 6 month results.
Abstract for EAPD Bruges; P–114.

Martin N, Jedynakiewicz (1995).
Measurement of hygroscopic expansion of composite restoratives.
J. Dent. Res. 74:SI;462/493.

Mason PN, Calabrese M, Graif L (1996).
Thirty month evaluation of primary teeth restored with Dyract compomer.
Abstract for CED of IADR Berlin; 330.

Mason PN, Graiff L, Calabrese M, Brait D (1996).
Compomeri: indagine clinica e sperimentale.
DENTSPLY Italia: Dyract Roma, 21–25.

Mayer T, Lenhard M, Pioch T (1996).
Der Einfluss plastischer Füllungsmaterialien auf das Demineralisationsverhalten von Zahnschmelz.
Dtsch. Zahnärztl. Z. 51:4;235–237.

McLean JW, Nicholson JW, Wilson AD (1994)
Suggested nomenclature for glass–ionomer cements and related materials (editorial)
Quintessence Int 25, 587–9

McLean JW, Nicholson JW, Wilson AD (1995).
Proposed nomenclature for glass–ionomer dental cements and related materials.
Quintessence Int. 25:9;587–589.

Mehl A, Kremers L, Nerlinger N, Hickel R (1996).
Shear bond strength of different dentin bonding agents after computer controlled laser treatment.
ADM–Transactions 9:270.

Merte I, Schneider H, Merte K(1998)
Kompositrestaurationen ohne Verbundanspruch - Dentin-Werkstoff-Interaktion in vivo und in vitro.
122. Jahrestagung der DGZMK 1998, Autorenreferat

Midwest Dental Evaluation Group (1995).
The fifth generation of dentin bonding.
Interface 7:5;1–2.

Mitra S (1994).
Curing Reactions of Glass Ionomer Materials.
Proc. 2nd Int. Symp. on Glass Ionomers 1:13–21.

Munksgaard EC, Irie M, Asmussen E (1985)
Dentin–polymer bond promoted by Gluma and various resins
J Dent Res 64, 1409

Nakajima M, Sano h, Burrow MFk, Tagami J, Yoshiyama M, Ebisu S, Ciuchi B, Russel CM, Pashley DH
Tensile bond strength and SEM evaluation of caries–affected dentin using dentin adhesives
J Dent Res 74, 1679

Neo J, Yap A, Lim CC, Chan YM (1995).
Influence of treatment regimes on the microleakage of a compomer.
J. Dent. Res. 74:SI;476/601.

Nicholson JW, Croll TP (1997)
Glass–ionomer cements in restorative dentistry
Quint Int 28 (11), 705

Nicholson JW, Millar BJ, Czarnecka B, Limanowska–Shaw H (accepted for publ.)
The storage of polyacid–modified composite resins („compomers") in lactic acid solution.
Dent Mater 1998
N.N. (1995)
Das Compomer Dyract – pro und kontra
Phillip J 12 (11), 518

Noack MJ (1993).
Wozu eine Unterfüllung ?.
Quintessenz 44:8;1101.

Oddera M (1996).
Utilizzo di una nuova classe di materiali: i compomeri.
DENTSPLY Italia: Dyract Roma, 14–20.

Otto K, Hannig M (1995).
Influence of marginal gaps on in vitro caries formation around glass ionomer and composite resin restorations.
Caries Res. 29:4;311/66.

Literaturverzeichnis - alphabetisch

Palaghias G, Kakaboura A, Eliades G (1996).
Bonding mechanism of compomer restoratives with dentine: An in vitro study.
Abstract for CED of IADR Berlin; 411.

Papagiannoulis L, Kakaboura A, Pantaleon P, Kavadia K (1979).
Clinical evaluation of a compomer in class II restorations in deciduous teeth.
Abstract for EAPD Bruges; 0–10.

Pashley DH (1991)
In vitro simulations of in vivo bonding conditions
Am J Dent 4, 237

Pelka M, Frankenberger R, Sindlinger R, Petschelt A (1998)
Verschleisssimulation natürlicher Zahnhartsubstanzen im abrasiven Kontakt
Dtsch Zahnärztl Z 53: 1, 61

Pelka M, Ebert J, Schneider H, Krämer N, Petschelt A (1996).
Comparison of two– and three–body wear of glass–ionomers and composites.
Eur. J. Oral Sci. 104:2/I;132–137.

Peters MCRB, Roeters FJM (1994).
Clinical performance of a new compomer restorative in pediatric dentistry.
J. Dent. Res. 73:SI;106/34.

Peters MCRB, Roeters FJM (1996).
Clinical investigation of Dyract for Class I and II cavities of deciduous teeth at the University of Nijmegen, 3–year results. Summary by Dentsply.
DENTSPLY De Trey Publication.

Peters MCRB, Roeters FJM, Frankenmolen FWA (1996).
Clinical evaluation of Dyract in primary molars: 1–year results.
American J. Dentistry 9:2;83–88.

Peters MCRB, Roeters FJM, Frankenmolen FWA (1995).
1–year clinical performance of Dyract restorative in deciduous molars.
J. Dent. Res. 74:3;746/8.

Peterson LG, Lodding A, Koch G (1978).
Elemental microanalysis of enamel and dentin by secondary ion mass spectrometry.
Swed. Dent. J. 2:41–54.

Pioch Th, Kobaslija S, Duschner H, Staehle HJ(1998)
Dentinkonditionierung mit NaOCl: Untersuchungen zur Morphologie und Haftfestigkeit.
122. Jahrestagung der DGZMK 1998, Autorenreferat

Pospiech P, Rammelsberg P, Tichy H, Gernet W (1995).
The suitability of compomers as a core–material: investigation on the volume stability.
J. Dent. Res. 74:SI;475/600.

Powers JM, You C (1995).
Bonding to dentin treated with acidic primer/ adhesive containing PENTA.
J. Dent. Res. 74:SI;34/183.

Prati C, Biagini G, Rizzoli C, Nucci C, Zuccini C, Montanari G (1990)
Shear bond strength and SEM evaluation of dentinal bonding systems
Am J Dent 3, 283

Prati C (1996).
Studio in microscopia elettronica a scansione (MES) del compomero Dyract: valutazione dell'adattamento marginale.
DENTSPLY Italia: Dyract Roma, 28.

Prati C, Chersoni S, Mongiorgi R, Ferrieri P (1995).
Correlation between microleakage and marginal morphology of bonding systems in Class V restorations.
Abstract for AADR.

Putignano A (1996).
Il Dyract nella patologia dei colletti dentari.
DENTSPLY Italia: Dyract Roma, 12–13.

Reich E, Jaeger C, Netuschil L (1996).
Release and uptake of fluoride by restorative materials.
Abstract for CED of IADR Berlin; 38.

Reich E, Völkl H (1995).
Occlusal and thermal loading of cervical restorations.
J. Dent. Res. 74:3;913/15.

Reich E, Völkl H (1994).
Randqualität von Zahnhalsfüllungen aus lichthärtenden Glasionomerzementen.
Dtsch. Zahnärztl. Z. 49:3;263–266.

Reinhardt KJ (1995).
Ein Compomer als Amalgamersatz?
Phillip Journal 12:9;395–399.

Richter Th, Roulet JF (1996).
Clinical Evalution of Dyract and Prime&Bond 2.1 for the restoration of cervical lesions – baseline report.
Internal Report to DENTSPLY DeTrey.

Literaturverzeichnis - alphabetisch

Ruyter IE (1992).
The chemistry of adhesive agents.
Operative Dentistry 5:32–43.

Ryu JH, Lee JS, Kim KN (1995).
Fluoride release from restorative glass–ionomers into de–ionized water and artificial saliva.
J. Dent. Res. 74:3;992/35.

Salama HS (1995).
The effect of micro abrasion on surface topography of enamel and esthetic restorative materials.
ADJ 20:4;79–87.

Salama HSH, Kunzelmann KH, Hickel R (1995).
Shear bond strength of poly acid modified composite (compomer) to dentin.
ADJ 20:3;93–103.

Saunders WP, Saunders EM (1996).
Microleakage of bonding agents with wet and dry bonding techniques.
American J. Dentistry 9:1;34–36.

Schaller HG, Götze W (1993)
Der Einfluss verschiedener Dentinhaftvermittler auf die Dentinpermeabilität
Dtsch Zahnärztl Z 48, 728

Schaller HG, Kielbassa AM, Hahn P, Attin T, Hellwig E (1998)
Die Haftung von Dentinhaftvermittlern an kariös verändertem Dentin
Dtsch Zahnärztl Z 53, 69

Scheutzel P, Ordelheide K (1996).
Erosion of dental filling materials by acidic beverages in vitro.
ADM–Transactions 9:263.

Schiemann S, Hannig M (1995).
In–vitro–Untersuchung zur potentiellen Zytotoxizität von Dyract, Fuji II LC und Photac–Fil.
Autorenreferat DGZ–Tagung Berlin.

Schiffner U, Knop B (1996).
Ultraschallaktivierte Kompomere zur Fissurenversiegelung?
Dtsch. Zahnärztl. Z. 51:11;687–689.

Schneider, Henry
Konservierende Zahnheilkunde
Apollonia Verlag 1995, ISBN 3-928588-11-7
6. erfolgreiche Auflage

Schneider, Henry (Hrsg.)
Der Zahnhals
Apollonia Verlag 1997, ISBN 3-928588-16-8
Besondere Empfehlung!

Schneider, Henry (Hrsg.)
Nichtmetallische Amalgamalternativen
Apollonia Verlag 1995, ISBN 3-928588-14-1
20000 Gesamtauflage!

Schneider, Henry
Plaque: Kontrolle oder Therapie?
Apollonia Verlag 1998, ISBN 3-928588-17-6
Für alle Prophylaxe-Interessierten!

Schneider H, Gutknecht N, Bach G
Lasertherapie in der Zahnheilkunde
Apollonia Verlag 1998, ISBN 3-925888-21-4
Ein Muß im Laserbereich!

Soltesz U (1998)
Polymerisationsschrumpfung einiger neuerer Komposit–Füllungswerkstoffe
zm 88 (11), 1404

Soltesz U (1994).
Ermüdungsverhalten von drei Glasionomerzementen unter zyklischer Wechselbelastung.
Dtsch. Zahnärztl. Z. 49:11;929–932.

Stassinakis A, Gujer J, Hugo B, Hotz P (1996).
Fluoridfreisetzung bei konventionellen und modifizierten Glasionomerzementen in vitro.
Acta Med. Dent. Helv. 1:11;244–249.

Stean H (1994).
From invention towards perfection.
The Probe.

Stiesch-Scholz M, Hannig M(1998)
In-vitro-Untersuchung zum Randschlußverhalten von Kompomerfüllungen nach Er:YAG-Laserpräparation.
122. Jahrestagung der DGZMK 1998, Autorenreferat

Suljak JP, Hatibovic–Kofman S (1996).
A fluoride release–adsorption–release system applied to fluoride–releasing restorative materials.
Quintessence Int. 27:9;635–638.

Süssenberger U, Becker J, Heidemann D (1997)
Lichthärtende Glasionomerzemente als Fissurenversiegler – eine In–vitro–Studie
prophylaxe impuls 2, 68–73

Literaturverzeichnis - alphabetisch

Süssenberger U, Becker J, Heidemann D (1995).
Kompomere bei Fissurenversiegelung. Eine In-vitro-Studie.
Submitted for publication.

Sustercic D, Cevc P, Schara M, Funduk N (1995).
Free radical kinetics in composite resin and compomer polymerization.
J. Dent. Res. 74:SI;561/1283.

Tagami J, Nikaido T, Higashi T, Nakajima M, Kanemura M, Pereira P (1996).
Bonding of resin modified glass ionomer cements.
ADM–Transactions 9:244.

Thonemann B, Federlin M, Schmalz G, Hiller KA (1995).
Resin-modified glass ionomers for luting posterior ceramic restorations.
Dent. Mater. 11:3;161–168.

Tolidis K, Karantakis P, Theodoridou–Pahini S, Papadogiannis Y (1996).
Comparison of fluoride release exhibited by a light cured glass ionomer two compomers and a composite resin: an in vitro study.
Abstract for EAPD Bruges; P–110.

Tolidis K, Theodoridou–Pahini S, Terzidou M, Papadogiannis Y (1996).
Comparison of the degree of microleakage exhibited by a light cured glass ionomer and two compomers: an in vitro study.
Abstract for EAPD Bruges; O–2.

Torabzadeh H, Aboush YEY (1995).
Translucency of light–activated glass–ionomer restoratives and a compomer.
J. Dent. Res. 74:3;881/477.

Torabzadeh H, Aboush YEY, Lee AR (1994).
Comparative assessment of long–term fluoride release from light–curing glass–ionomer cements.
J. Dent. Res. 73:4;853/531.

Triana R, Prado C, Llena C, Forner L, Garro J, Garcia–Godoy F (1994).
Shear bond strength to dentin of resin–reinforced glass ionomer.
J. Dent. Res. 73:SI;328/1808.

Uno S, Finger WJ, Fritz U (1995).
Resin–modified ionomer cements: mechanical properties vs long–term storage.
J. Dent. Res. 74:SI;475/598.

Uno S, Finger WJ, Fritz U (1996).
Long–term mechanical characteristics of resin–modified glass ionomer restorative materials.
Dent. Mater. 12:1;64–69.

Verdonschot EH, Ortwijn JC, Roeters FJ (1991).
Aesthetic properties of three type II glass Polyalkenoate (ionomer) cements.
J. Dent. 19:357–361.

Vichi A, Ferrari M, Davidson CL (1996).
In vivo microleakage of resin modified glass ionomer cements.
Abstract for CED of IADR Berlin; 412.

Voss A, Schmidt KP (1995).
Adhäsive Bracketbefestigung ohne Ätzung mit Phosphorsäure.
Autorenreferat DGZMK–Tagung Wiesbaden; 65.

Voss A, König A (1998)
Reduktion der Polymerisationsspannung von Kompositen.
122. Jahrestagung der DGZMK 1998, Autorenreferat

Vyver PJ van der, Jansen van Rensburg JM, De Wet FA (1995).
Bond strength of modern glass–ionomer resin materials to dentine.
J. Dent. Res. 74:3;1016/67.

Watts DC, Bertenshaw BW, Jugdev JS (1995).
pH and time–dependence of surface degradation in a compomer biomaterial.
J. Dent. Res. 74:3;912/13.

Watts DC, Cash AJ (1994).
Equilibrium morphology of resin/ionomer restoratives after conditioning and abrasion.
Submitted for publication.

Watts DC, Cash AJ (1995).
Fracture–toughness and creep–recovery of resin/ionomer restoratives.
J. Dent. Res. 74:3;896/595.

Watts DC, El Hejazi A, Al–Hindi A (1995).
Hygroscopic–stress–development of resin–based restoratives in situ.
J. Dent. Res. 74:SI;462/494.

Welker D, Hirschlipp A, Hollwege HW (1997)
Toxizität, Löslichkeit, Säuregrad und Fluoridabgabe von Glasionomerwerkstoffen
ZWR 106(10), 586; 106(11), 678

Welker D, Rzanny A, Göbel R (1997)
Glasionomer – 25 Jahre nach ihrer Markteinführung
Dental Magazin 2, 67

Literaturverzeichnis - alphabetisch

Whalley MJ (1994).
The determination of elastic modulus for 18 composite restoratives.
Internal Report to DENTSPLY DeTrey.

Wiedmer CS (1997).
Klinische, röntgenologische und rasterelektronenoptische Untersuchung von Kompomeren nach zweijähriger Funktionszeit im Milchgebiss.
Dissertation Zürich;1–19.

Willershausen B, Callaway A, Ernst CP, Stender E (1996).
Does varnish protect various dental materials from damage by oral bacteria?.
Abstract for CED of IADR Berlin; 413.

Yap A, Bhole S, Tan KB (1995).
Assessment of restorative materials' colour match to Vita shade guide.
J. Dent. Res. 74:3;750/33.

Yap A, Lim CC, Neo J, Chan YM (1995).
Margin sealing ability of three cervical restorative systems.
J. Dent. Res. 74:SI;492/732.

Yap AUJ, Bhole S, Tan KBC (1995).
Shade match of tooth–colored restorative materials based on a commercial shade guide.
Quintessence Int. 26:10;697–702.

Yap AUJ, Lim CC, Neo JCL (1995).
Marginal sealing ability of three cervical restorative systems.
Quintessence Int. 26:11;817–820.

Yip HK (1995).
The comparison of the fluoride uptake and release of a compomer and light–cured glass ionomer cements.
J. Dent. Res. 74:SI;434/272.

Literaturverzeichnis - alphabetisch

15 Stichwortverzeichnis

Numerisch
3-Körper-Abrieb 93
3-Punkt-Biegebelastung 101

A
Abbindemechanismus 43
Abbindereaktion 19
Abnutzung 174
Abrasion 90, 144
Abspanung 95
Aceton 48
ACTA 90
ACTA-Maschine 100
Adhäsive, 5. Generation 60
Adhäsive, Klassifikation 63
Aerosil 30
Aluminat 28
Aluminiumphosphat 28
Amalgamaustausch 143
Amalgamersatz 143
Amelogenesis imperfecta 152
Amin-Acceleratoren 38
Aminopenta 30
Anfrischen 130
Anschrägung 133
Anwenderuntersuchungen 159
AP-Komposition 171
Ästhetik 177
Atemfeuchtigkeit 6
Ätzung 137
Ätzung, selektiv 146
Ätzzeit 139
Auftriebsverfahren 64
Ausarbeitung 126, 139
Ausstossversuch 59

B
Bakterienadhäsion 86
Bakterienwachstum 86
Befestigungssystem 156
Befestigungszement 155
Belastungscharakteristik 102
Belastungstoleranz 115
Biegefestigkeit 172
Bindung, ionische 50
Bis-GMA 17
bis-GMA 36
Bisphenol-A-
 Glycidyldimethacrylat 17
Bowen 17
Box only 130
Bracketkleber 156
branches 49

Bruchfestigkeit 122
Bruchmechanik 104
Bruchzähigkeit 105
Bruxismus 90
Buonocore 17

C
CbC 119
Ceromer 6
Cetylaminhydrofluorid 29
CFA 89
C-Faktor 122, 147
Chamäleon-Effekt 177
Chipping fractures 95
CIE*L*a*b*-System 110
CLSM 118
compomer bonded composite 119
configuration factor 59

D
Dauerbelastung 105
DBA 63
Defekte, keilförmige 117
Definition 25
Deformation 148
Dehydratation 20
Dentinadhäsiv 5
Dentinadhäsive 58
Dentinbonding 160
Desintegration 88
Diamantfinierer 126
DIN 13922 102
DIN 6174 110
Dipentaerythritolpentacrylat-
 Phosphorsäure 47
Diphenyljodid 38
Dissoziation 35
Dreikörper-Abrasionstest 90
Druckfestigkeit 105, 172

E
Einflaschen-Adhäsive 61
Eisenoxidpigmente 32
Elastizitätsgrenze 87
Elastizitätsmodul 92
Eluat 86, 112
E-Modul 119, 147
Entkalkungen 52
Ermüdung 87
Erosion 150
Expansion 41, 60, 157
Expansion, hygroskopische 44
Expansionsverhalten 72

Stichwortverzeichnis

F
Farbbeständigkeit 110
Farbpenetration 117
Farbveränderung 110
Fehlkonturierung 144
Festigkeitsminderung 103
Flowables 34
Fluoraluminiumsilikat 27
Fluoridabgabe 77
Fluoridabsorption 80
Fluoridaufnahme 82
Fluoridbindungskapazität 84
Fluoridfreisetzung 81, 123, 176
Fluoridfreisetzung, kumulativ 80
Flüssigkeitsstrom 70
Frakturanfälligkeit 177
Füllerpartikel 94
Füllkörpergröße 34
Füllpartikel 93
Füllung, semipermanent 147

G
Gelstadium 35
Getränke 124
Glaspartikel 94
Gold 31

H
Haftkraft 120
Haftkräfte 55
Haftung, kariöses Dentin 62
Hämolyse 112
Härte 106
Härtungskaskade 35
HEMA 35, 36
Hema 20, 28
Hirsesuspension 98
Historie 17
Hitzepolymerisation 17
Homogenität 94
Hybridlayer 49
Hybridschicht 48, 68, 130
Hybridzone 52
Hydrogel 40
Hydroxyethylmethacrylat 27, 28

I
Indikationen 139
Initiatoren 29
Inkrementtechnik 17
Interface 48
Interkuspidalabstand 143
Ionenaustauschreaktion 40
Ionenbrücken 19
Ionisation 27
ISO 4045 110
ITN 160

K
Kampferchinon 38
Kapsel 94
Karboxylsäure 27
Kariesbildung 75
Karies-Rückgang 145
Kationen 35
Kautelen 135
Kauzyklen 175
Kauzyklus 90
Keramik 31
Kieferorthopädie 156
Kinetik 42
Kofferdam 5, 136
Kollaps 68
Kompoionomere 22
Kompomer 5
Kontraindikationen 157
Korrosionsbad 104
Kosten 56
Kristallite 148
Kryolith 28

L
Lackierung 127
Langzeitfestigkeitsverhalten 105
Langzeitlagerung 122
Langzeitprovisorium 150
Laser 74
LASMA 118
Lichtbestrahlung 108
Lichthärtung 139
Lösungsvermittler 27
Lufttrocknung 65
luminiumsilikat-Netzwerk 28

M
Makrofüller 18
Maleinsäure 27, 71
Materialbewährung 113
Matrizentechnik 133
Medizinproduktgesetz 142
Mehrphasensystem 7
Methacrylsäure 17
Methacrylsäure-Methylester 17
Methycrylat-Radikale 39
Mikroporosität 68
Mikrorelief 144
Milchzähne 143
Mineralkristallite 62
Monomere, bifunktionell 22

N
Nahrungsaufnahme 89
Nanoleakage 117
Netzwerk 68, 73
Normkavitäten 115

Stichwortverzeichnis

O
Oberflächenermüdung 90
Oberflächenimperfektion 144
Oberflächenintegrität 124
Oberflächenveredelung 124
Oberlastniveau 102
OCA 89
Optische Eigenschaften 109
Ormocer 6

P
Parafunktionen 90
Partikelgrösse 100
PENTA 47
Perthometer 98, 127
pH 93
Photoinitiation 38
Photopolymerisation 43
Pin-on-disk-Phänomen 89
PMMA 17
Politur 139
Polyelektrolyte 19
Polyglass 6
Polymerisationsgrad 108
Polymerisationssystem 172
Polyphosphonate 27
Polyurethan 18
Präparation 129, 130, 135, 146
Präpolymerisate 19
Profilometer 100
Propfen 68
Pufferfunktion 120
Pulpadruck 66
Pulpaschutz 112
Pulpaüberkappung 157
Pulver-Flüssigkeitsverhältnis 31

R
Radikalkonzentration 42
Randanalyse, quantitative 117
Randqualität 131
Randschluss 113
Randspalt 75
Randspaltbreite 113
Rauhtiefenbestimmung 125
Reaktion 39
Re-Dentistry 146
Redox-Initiator-System 30
Redoxinitiatorsystem 39
Reibungsbelastung 92
Relaxationsfaktor 119
REM 117
Reparatur 103
Restfeuchtigkeit 65
Retentionsrate 179
Rheologie 34
Rissfortschritt 105
Risswachstum 105
Röntgendichtigkeit 111

Röntgenopazität 111

S
Salzbildung 40
Salzkomplex 35
Sandwichfüllungen 118
Sanierungsgrad 145
Säureätztechnik 65
Säureätzung 47
Säureaufnahme 90
Säureerosionstest 32
Scherhaftfestigkeit 120
Schichtstärke 139
Schmelzdemineralisation 85
Schmelzverschleiss 89
Schmierschicht 49
Schnellbelichtungsgerät 110
Schrumpfung 122
Silanbindungen 89
Silikate 27
Silikonstempel 153
Siliziumdioxid 18
Siliziumoxid 28
Slot 130
Smear-layer 67
snap-Set 31
Sol-Stadium 35
Spektroskopie 42
Streptokokken 127
Stripkronentechnik 160
Strontiumfluorosilikatglas 30
Studien, klinische 161
Stumpfaufbaumaterial 44
Substanzverlust 87
Substruktur 41

T
tags 49
TCB 28, 39
Temperaturwechselbelastung 118
Tetracarbonsäure 28
Titandioxid 32
Transluzenz 32, 109, 110, 177
Triethylenglykoldimethacylat 47
Trockenlegung 135
Trocknungszeit 82
Tubuli 68, 148
Tunnelpräparation 77

U
Überkappung 157
Universaladhäsiv 49
Unterfüllung 152
Urethandimethacrylat 28, 37, 47
UV 17

V
Valenzbindungen 50
Verarbeitung 159

Stichwortverzeichnis

Verbundphase 89
Verschleiss 87
Verschleiss, abrasiv 87
Verschleiss, adhäsiv 88
Verschleiss, Ermüdung 87
Verschleissmaschine 90
Verschweissung 88
Versiegelung 153
Vertikalverlust 176
Vickers-Härte 172
Viskosität 153
VITA 109
Volumenstabilität 44
Volumenveränderung 44

W
Wasser 36
Wasser, gebunden 36
Wasseraufnahme 101
wasserfrei 22
Wasserlagerung 60
Wasserstoffbrückenbindungen 50
Wattepellet 65
Wechselbelastung, thermische 115
Weibull-Modulus 60
Weinsäure 36
Werkstoffkunde, klinische 113
wet bonding 6, 60, 137

Wilson 19
Wöhler 102

X
XPS 118

Y
Young 96

Z
Zapfen 68
Zementmischungen 20
Zementviskosität 35
Zerkleinerungswirkung 89
Zinkpolyacrylate 27
Zitronensaft 124
Zottenlänge 70
Zugfestigkeit 72
Zugfestigkeit, diametral 105
Zugfestigkeitsverhalten 57
Zweikörper-Abrasion 90
Zytotoxizität 111